Shovon Nandi
Madhumita Sarkar

Projeto de um sistema de segurança doméstica de baixo custo utilizando o microprocessador 8085

Shovon Nandi
Madhumita Sarkar

Projeto de um sistema de segurança doméstica de baixo custo utilizando o microprocessador 8085

ScienciaScripts

Imprint

Cover image: www.ingimage.com

This book is a translation from the original published under ISBN 978-3-659-85560-3.

Publisher:
Sciencia Scripts
is a trademark of
Dodo Books Indian Ocean Ltd. and OmniScriptum S.R.L publishing group

120 High Road, East Finchley, London, N2 9ED, United Kingdom
Str. Armeneasca 28/1, office 1, Chisinau MD-2012, Republic of Moldova, Europe
Managing Directors: Ieva Konstantinova, Victoria Ursu
info@omniscriptum.com

Printed at: see last page
ISBN: 978-620-8-51050-3

Índice:

CONCEPÇÃO DE UM SISTEMA DE SEGURANÇA DOMÉSTICA DE BAIXO CUSTO UTILIZANDO O MICROPROCESSADOR 8085

Autor:

Shovon Nandi e Madhumita Sarkar

Resumo

O objetivo de muitos sistemas de segurança doméstica, tal como implementados ao longo dos tempos, sofreu muitas alterações. Os primeiros sistemas de segurança eram utilizados principalmente com o único objetivo de proteger o perímetro da casa contra ladrões/intrusos, sem qualquer possibilidade de identificar o intruso ou a parte infratora. A era moderna assistiu a muitas mudanças tecnológicas com o advento de uma sofisticada gama de sistemas de sensores. A utilização da tecnologia SMD dos nossos dias quase subjugou a utilização de sistemas discretos e, como tal, criou toda uma nova era de sistemas de segurança sofisticados, mas em miniatura.

O meu projeto gira em torno da ideia da criação pela criação.

Nós, como equipa, pegámos nessa ideia e a Educação Baseada no Conhecimento influenciou-nos a criar algo com o conhecimento adquirido. Concentrámos todos os nossos esforços na produção de um *SISTEMA DE SEGURANÇA DOMÉSTICA* de baixo custo, exclusivamente para ser implementado num cenário real. O projeto, para além de ser de baixo custo, tem a vantagem adicional de utilizar o microprocessador INTEL8085, cuja versatilidade permite que o mesmo projeto seja convertido num sistema mais sofisticado, com uma flexibilidade finita, mas primordial.

"Conhecimento é felicidade" - Bernard Shaw

RECONHECIMENTO

Como empreendimento de implementação deste relatório de projeto sobre o "DESENHO DE UM SISTEMA DE SEGURANÇA DOMÉSTICA DE BAIXO CUSTO UTILIZANDO O MICROPROCESSADOR 8085", é nosso dever primordial reconhecer a orientação, a cogitação e a ajuda imensamente oferecida por todos aqueles que direta ou indiretamente contribuíram para o sucesso do projeto.

Em primeiro lugar, devemos expressar a nossa sincera gratidão e os nossos profundos cumprimentos à diretora do departamento de ECE pela sua orientação inspiradora e sugestões valiosas. Agradecemos também a sua agradável orientação para a realização deste projeto no Laboratório de Conceção Eletrónica da nossa faculdade.

Calcutá

Índia

2016

Capítulo 1

Sistema de barreira de feixe de infravermelhos

1.1 Introdução:

Existe uma grande necessidade de automatizar os sistemas de segurança para garantir a segurança da casa a baixo custo. No nosso projeto, vamos desenvolver um sistema de segurança incorporado que detectará os outros para não invadirem a nossa casa.

O sistema de segurança usará a interface do transreceptor para informar a pessoa autorizada. A forma como o projeto vai funcionar é na nossa placa concebida para incorporar um sensor IR e um transmissor IR, se alguém cruzar o sinal estabelecido entre o Tx e o Rx do IR, o transreceptor que está ligado à nossa placa enviará automaticamente um dado à pessoa autorizada para essa casa em particular. Depois a pessoa autorizada pode também alertar com essa mensagem.

O principal objetivo deste sistema de segurança doméstica, do ponto de vista técnico/hardware, consiste em obter raios de luz perfeitamente invisíveis, mas *"concebíveis pelo sensor"*, para além do espetro da luz vermelha, ou seja, criar um feixe constante de infravermelhos perfeitamente adaptado ao sensor utilizado para criar um sistema de barreira de feixe. O diagrama de blocos geral *(esquema de funcionamento da barreira de feixes)* da disposição do transmissor e do recetor é o seguinte na Fig.1.1.

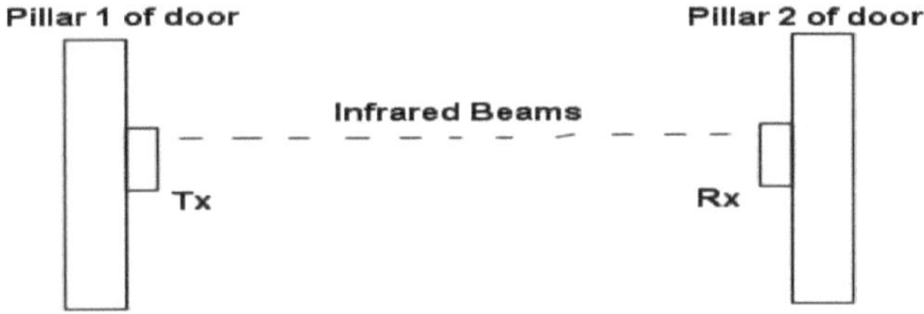

Fig.1.1 Esquema de funcionamento da barreira de feixes

A parte do transmissor é fechada na extremidade esquerda/direita de uma entrada normal de dois homens. A secção recetora é colocada no lado oposto da entrada. Os feixes de infravermelhos emitidos pelo emissor são recebidos diretamente/continuamente pelo sensor implantado na secção recetora. Sempre que houver uma obstrução no caminho do feixe por entidades desconhecidas, como assaltantes, a secção recetora fica abruptamente sem qualquer receção de infravermelhos e, eventualmente, lança um impulso alto com uma largura de impulso infinita para um transmissor FM através de um D FLIP FLOP que funciona como um trinco. (Fig.1.2)

Fig.1.2 Diagrama de blocos da operação de receção

1.2 Funcionamento:

Este impulso viaja como um sinal analógico modulado em FM para ser recebido por outra secção desmoduladora/recetora de FM colocada a algumas centenas de metros de distância. O sinal analógico assim recebido é enviado para a porta A (pino 4) de um PPI (Programmable Peripheral Interface) 8255A de uso geral. O 8255A transfere este sinal para o microprocessador 8085. O 8085 assume toda a operação e executa um programa pré-agendado. A operação do programa é obtida a partir de 3 pinos do Porto B da PPI do 8255A. Um destes pinos liga diretamente uma sirene com um período de tempo indefinido. Os outros dois pinos são usados com o único objetivo de mudar um sistema telefónico local do estado fora do gancho para o estado no gancho e vice-versa. O último pino do microprocessador liga o botão REDIALL do telefone durante alguns segundos para marcar um número específico que, neste caso, é o sinal SOS geral para a esquadra de polícia mais próxima. A porta C do 8255A procura continuamente a inversão de polaridade na linha telefónica, o que indica que a chamada telefónica foi recebida na outra extremidade, como se mostra na Fig.1.3.

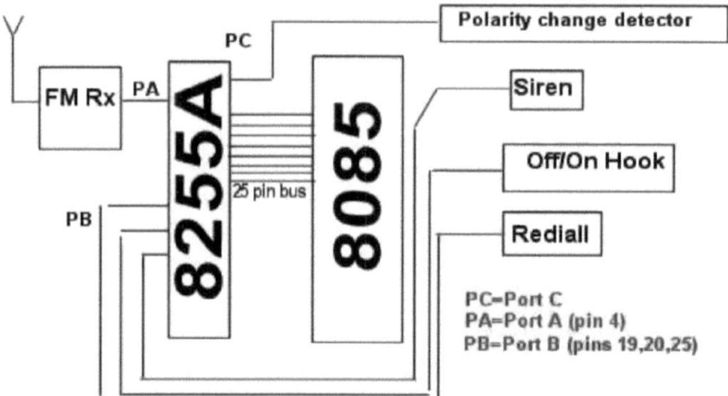

Fig.1.3 Diagrama de blocos funcionais do circuito do terminal de receção

1.3 Princípio de funcionamento:

Esta é uma visão geral esquemática em 3D:

Passo 1: - Barreira de proteção do feixe a funcionar em condições normais sem tripulação

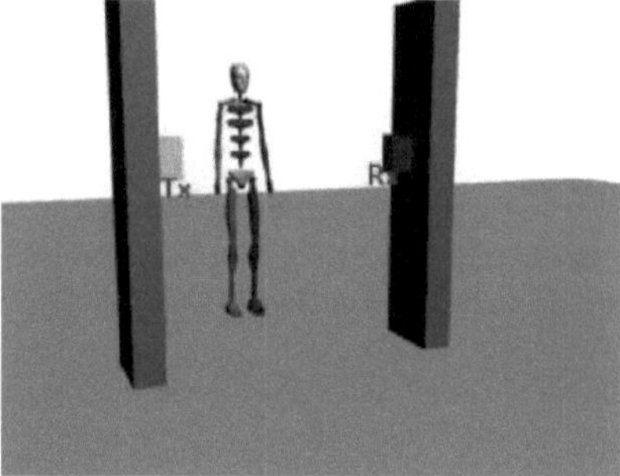

Fig.1.4 Barreira de vigas em condições normais sem tripulação

O sensor TSOP1738 na extremidade recetora produz um nível alto de o/p a partir do seu pino de saída (pino 3), como mostra a Fig.1.5.

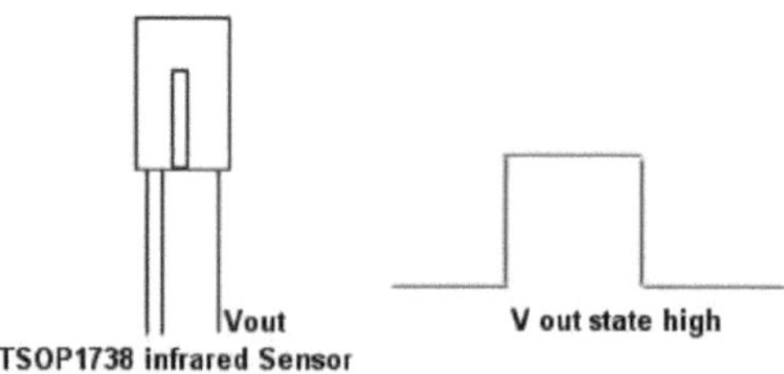

Fig.1.5 Sensor TSOP1738 (para estado alto)

Passo 2:- Barreira de feixe interrompida pelo ladrão

A Fig.1.6 mostra a barreira de vigas interrompida por um ladrão.

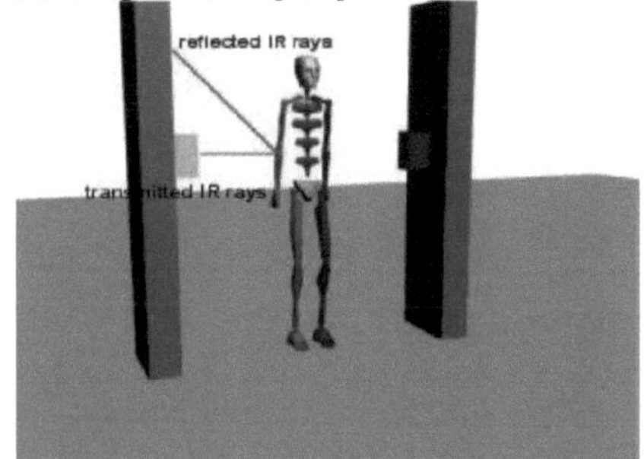

Fig.1.6 Barreira de vigas interrompida por um ladrão

Uma parte dos raios infravermelhos emitidos é reflectida de volta para a atmosfera depois de atingir a superfície de obstrução (ou seja, o assaltante). O sensor fica agora sem quaisquer sinais de IV e, por conseguinte, o o/p do sensor baixa, como se mostra na Fig.1.7.

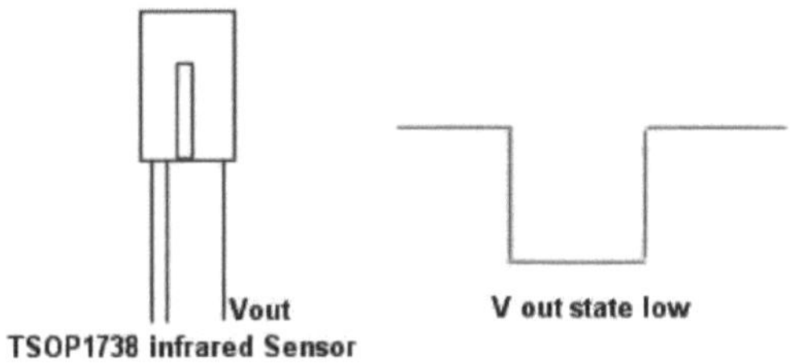

Fig.1.7 Sensor TSOP1738 (para estado baixo)

Passo 3: - Libertação da interrupção da barreira de feixes

A Fig.1.8 mostra a interrupção da barreira de vigas libertada.

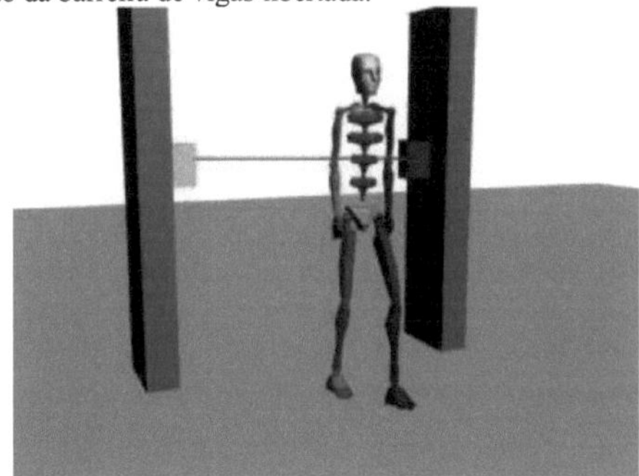

Fig.1.8 Interrupção da barreira de vigas libertada

Quando a interrupção da barreira do feixe é libertada, ou seja, quando o ladrão/intruso atravessou o feixe, o sensor na extremidade recetora produz um impulso o/p alto no seu pino o/p (pino 3), como se mostra na Fig.1.9.

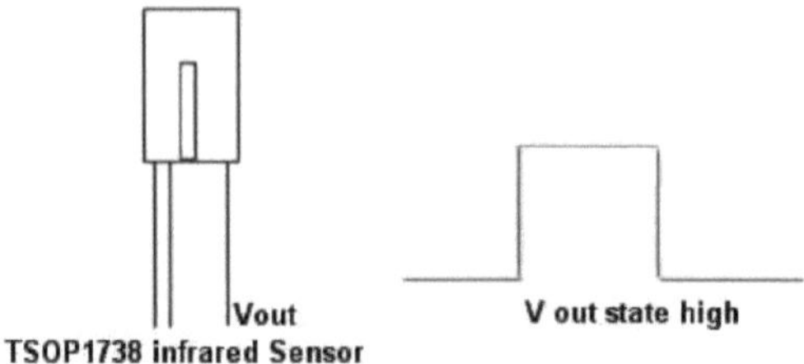

Fig.1.9 Sensor TSOP1738 (Para interrupção da barreira de feixe libertado)

Passo 4:- Deteção de bordos positivos e bloqueio

O bordo positivo do impulso assim gerado é então alimentado como um impulso de relógio de um D Flip Flop concebido em torno do IC TTL disponível comercialmente (LN 7474, a ser abordado em pormenor mais tarde). O flip flop trava o pulso de entrada e subsequentemente alimenta o mesmo pulso para um transmissor FM.

Passo 5:- Interconectividade

O impulso do transmissor FM viaja na banda FM para alcançar o circuito desmodulador FM localizado noutra sala. O sinal desmodulado é então enviado para o microprocessador 8085 através da porta A do 8255A PPI. O arranjo geral, como mostrado na Fig.1.10, é o seguinte:-

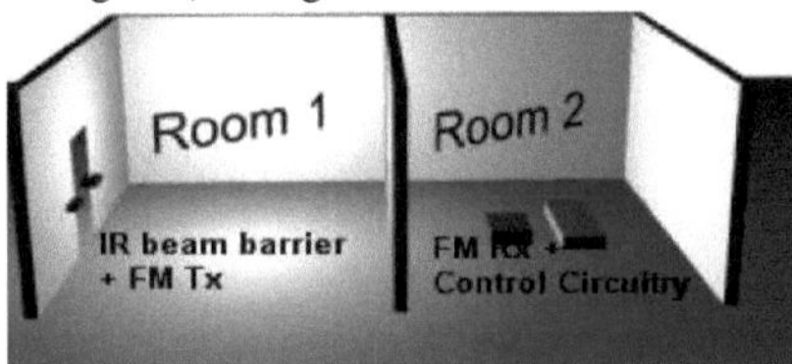

Fig.1.10 Sistema emissor-recetor de infravermelhos

1.4 Breve descrição:

A radiação infravermelha (IV) é uma radiação electromagnética com um comprimento de onda superior ao da luz visível, mas inferior ao da radiação de micro-ondas. O nome significa "abaixo do vermelho" (do latim infra, "abaixo"), sendo o vermelho a cor da luz visível de maior comprimento de onda. A radiação infravermelha abrange três ordens de grandeza e tem comprimentos de onda entre aproximadamente 750 nm e 1 mm.

Diferentes regiões no infravermelho

A RI é frequentemente subdividida em:

Infravermelho próximo NIR: IR-A DIN, 0,75-1,4 цт de comprimento de onda, definido pela absorção de água, e normalmente utilizado em telecomunicações por fibra ótica devido às baixas perdas de atenuação no meio de vidro SiO2 (sílica). Comprimento de onda curto (onda curta) IR SWIR, IR-B DIN, 1,4-3 цт, a absorção de água aumenta significativamente a 1450 nm Comprimento de onda médio IR MWIR, IR-C DIN, também intermediário-IR (IIR), 3-8 цт Comprimento de onda longo IR LWIR, IR-C DIN, 8-15 цт)

Infravermelho distante FIR 15-1.000 цт, No entanto, estes termos não são precisos e são utilizados de forma diferente em vários estudos, ou seja, próximo (0,75-5 цт) / oid (5-30 цт) / longo (30-1.000 цт). Especialmente nos comprimentos de onda das telecomunicações, o espetro é subdividido em bandas individuais, devido a limitações dos detectores, amplificadores e fontes.

A radiação infravermelha é popularmente conhecida como radiação de calor, uma vez que muitos professores de física atribuem tradicionalmente todo o aquecimento causado pelo Sol à luz infravermelha. Na verdade, a luz visível do Sol é responsável por 50% do aquecimento, e a luz intensa ou as ondas electromagnéticas de qualquer frequência terão um efeito de aquecimento detetável se forem suficientemente intensas. É verdade, no entanto, que os objectos à temperatura ambiente emitem radiação concentrada sobretudo na banda do infravermelho médio (ver corpo negro).

A nomenclatura comum é justificada pela diferente resposta humana a esta radiação: o infravermelho próximo é a região mais próxima em comprimento de onda da radiação detetável pelo olho humano, enquanto o infravermelho médio e o infravermelho distante estão progressivamente mais afastados do regime visível. Outras definições seguem mecanismos físicos diferentes (picos de emissão, vs. bandas, absorção de água) e as mais recentes seguem razões técnicas (os detectores comuns de silício são sensíveis a cerca de 1050 nm, enquanto a sensibilidade do InGaAs começa em cerca de 950 nm e termina entre 1700 e 2200 nm, dependendo da configuração específica). Infelizmente, as normas internacionais para estas especificações não estão atualmente disponíveis. A fronteira entre a luz visível e a luz infravermelha não está definida com exatidão. O olho humano é nitidamente menos sensível à luz vermelha acima dos 700 nm de comprimento de onda, mas a luz particularmente intensa (por exemplo, dos lasers) pode ser detectada até cerca de 780 nm. O início dos infravermelhos é definido (de acordo com diferentes normas) em vários valores entre estes dois comprimentos de onda, normalmente a 750 nm.

Bandas de telecomunicações no infravermelho

As telecomunicações ópticas no infravermelho próximo são tecnicamente muitas vezes separadas em diferentes bandas de frequência devido à disponibilidade de fontes de luz, materiais de transmissão/absorção (fibras) e detectores. A figura 1.11 mostra o espetro eletromagnético para as telecomunicações.

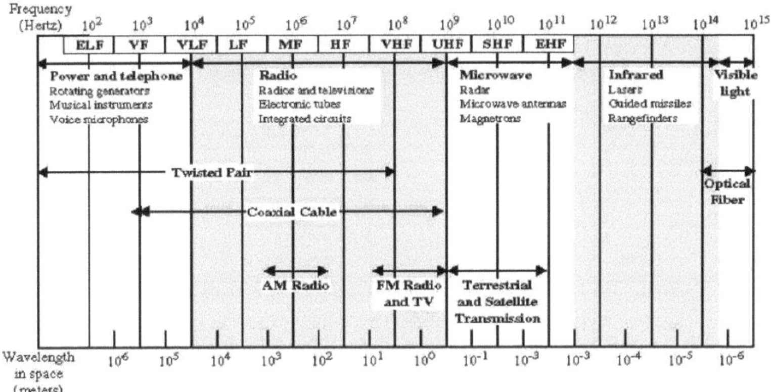

Figura 1.11 Espectro eletromagnético para as telecomunicações

Díodo emissor de luz infravermelha:

O quadro imediatamente a seguir (Quadro 1.1) destaca as caraterísticas mais importantes da ficha de especificações.

Tabela.1.1 Especificações do LED de infravermelhos

Tensão máxima	Corrente máxima	Ângulo do feixe	Potência radiada
5 V	100 mA	40°	60 mW/sr

Para além dos parâmetros importantes enumerados na tabela acima, a directividade do padrão de radiação do LED também desempenha um papel importante nesta conceção. É desejável um LED com um padrão de radiação altamente diretivo para evitar que a luz incida no(s) detetor(es) errado(s).

Lembre-se que se pretende um feixe emitido suficientemente estreito para evitar a iluminação de detectores adjacentes. É instrutivo começar com um pouco de conhecimento sobre o padrão de radiação antes de analisarmos a directividade e as suas implicações. O lóbulo principal é o feixe mais intenso. Os dois feixes adjacentes, de menor intensidade, são chamados de lóbulos laterais. Repare que o lóbulo lateral esquerdo se estende cerca de $a = 8$ graus do lóbulo principal. Com este conhecimento, é possível verificar se a directividade é suficiente para este projeto. Com um pouco de conhecimentos de trigonometria, este cálculo pode ser facilmente efectuado como se mostra na Fig.1.12 abaixo.

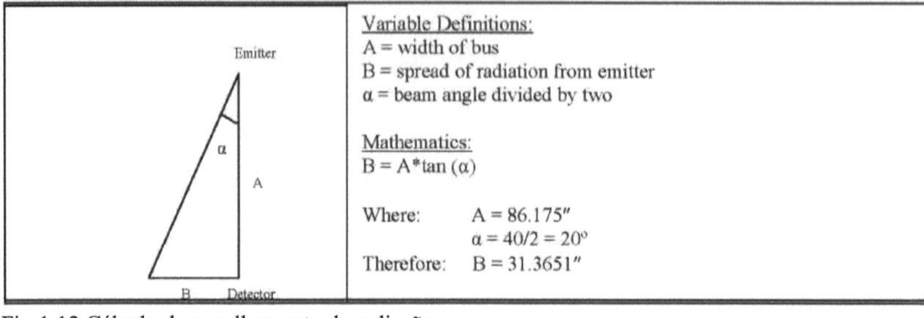

Fig.1.12 Cálculo do espalhamento de radiação

O triângulo está desenhado na Fig.1.12. O lado A foi obtido a partir das plantas baixas e a foi obtido a partir da folha de dados. A partir desta informação vital, o lado B, metade da propagação da radiação do emissor, pôde ser calculado. Analisando uma das plantas baixas, a distância mínima entre a colocação de dois detectores adjacentes seria de aproximadamente 32 polegadas.

Detetor de infravermelhos:

A vista lateral e frontal do fotodíodo será utilizada para receber a luz transmitida, emitida ao longo da parte inferior do autocarro. A função dos fotodíodos é enviar corrente quando não se vê luz, o que indica que algo ou alguém está no caminho. A Tabela 1.2 destaca as caraterísticas mais importantes da folha de especificações.

Tabela.1.2 Especificações do detetor de infravermelhos

MaxD ark Atual	Intrínseco Resistência	Capacidade de resposta
30 nA	50Q	0,59 A/W

Embora o emissor utilizado tenha uma potência de saída relativamente elevada (20 mW), seria prudente efetuar um cálculo da potência incidente no fotodíodo. Isto é feito para garantir que a potência é suficiente para que o fotodíodo a detecte. Os cálculos efectuados na Tabela 1.3 abaixo são feitos para as três intensidades de radiação possíveis que o emissor selecionado pode produzir.

Tabela.1.3 Cálculo da densidade de potência

Tipo	Radiação Intensidade	Densidade de potência
SFH 484-1	60 mW/sr	12,5239 mW/m^2

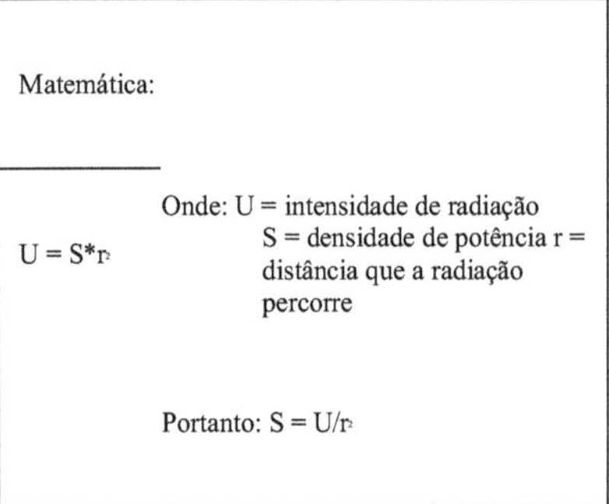

Capítulo 2

Detalhes dos componentes necessários

2.1 Temporizador LM 555: Configuração de pinos:

O circuito integrado (CI) temporizador 555 tornou-se um dos pilares do design eletrónico. Um temporizador 555 produzirá um impulso quando lhe for aplicado um sinal de disparo. A duração do impulso é determinada pela carga e descarga de um condensador ligado ao temporizador 555. Um temporizador 555 pode ser utilizado para fazer debounce de interruptores, modular sinais, criar sinais de relógio precisos, criar sinais modulados por largura de impulso (PWM), etc. Um temporizador 555 pode ser obtido de vários fabricantes, incluindo a Fairchild Semiconductor e a National Semiconductor. Um temporizador 555 é apresentado na figura 2.1.

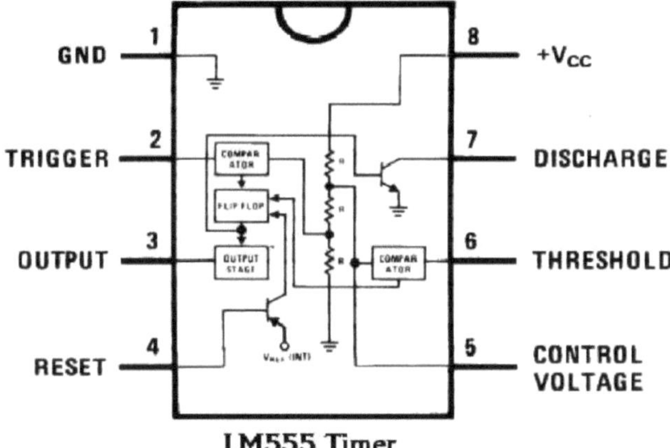

Fig.2.1 Diagrama de blocos/Interno/Pinos do LM555

<u>Os pinos do temporizador 555 são os seguintes</u>

Pino 1 Gnd Ligação à terra para o chip

Pino 2 Trigger O temporizador 555 dispara quando este pino transita da tensão em Vcc para 33% Tensão em Vcc. O pino de saída fica alto quando é acionado

Pino 3 Pino de saída dos temporizadores 555

Pino 4 Reset Reinicia o temporizador 555 quando baixo

Pino 5 Vcc Entrada de alimentação de 5V a 15 V

Pino 6 Descarga Utilizado para descarregar um condensador

Pino 7 Limiar Utilizado para detetar quando o condensador está carregado. O pino de saída fica baixo quando o condensador estiver carregado a 66,6% de Vcc.

Pino 8 Tensão de controlo Utilizado para alterar as tensões de ponto de ajuste do Limiar e do Acionador e raramente é utilizado

2.2 Circuito Astable:

O 555 pode funcionar como um oscilador. As utilizações incluem LEDs e piscas de lâmpadas, geração de impulsos, relógios lógicos, geração de tons, alarmes de segurança, modulação de posição de impulsos, etc. O 555 pode ser usado como um ADC simples, convertendo um valor analógico num comprimento de impulso. Por exemplo, a seleção de um termistor como resistência de temporização permite a utilização do 555 num sensor de temperatura: o período do impulso de saída é determinado pela temperatura. A utilização de um circuito baseado num microprocessador pode então converter o período do impulso em temperatura, linearizá-lo e até fornecer meios de calibração.

2.2.1 Funcionamento em modo estável

O circuito do multivibrador astável usando o 555Timer é mostrado abaixo:

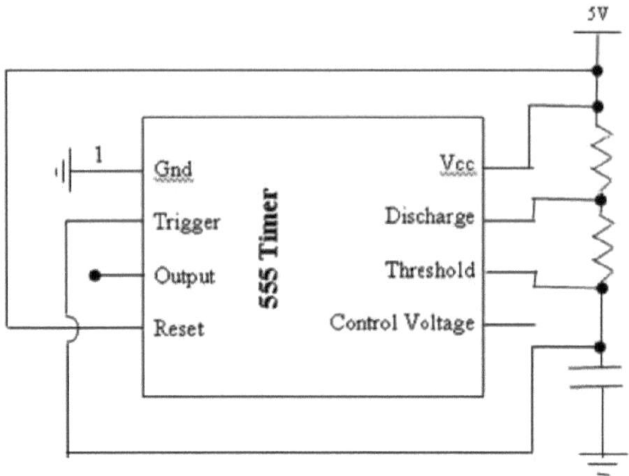

Fig.2.2 Multivibrador astável usando 555Timer

Quando o circuito é ligado pela primeira vez, o pino de descarga é desligado da terra e o pino de saída é colocado em alta porque o pino de disparo está abaixo de 33% da tensão Vcc. O condensador *C* começa a carregar-se através das resistências *R1* e *R2*. O pino de limiar é utilizado para detetar quando a tensão através do condensador atinge 66,6% da tensão Vcc. Quando a tensão através do condensador atinge 66,6% da tensão Vcc, o pino de saída é colocado em baixo e o pino de descarga é ligado de novo à terra. Quando o pino de descarga é ligado de novo à terra, o condensador começa a descarregar-se através da resistência *R2*. Quando a tensão no condensador atinge 33,3% da tensão Vcc, o ciclo repete-se e cria uma série de impulsos de saída. Um circuito astable dispara a partir do impulso de saída anterior, enquanto um circuito monostable requer um disparo aplicado externamente.

O pino de saída oscila de alto para baixo, criando uma série de impulsos de saída. O tempo que o pino de saída permanece alto, t_{HIGH}, é dado como:

$$t_{HIGH} = .693 \cdot C \cdot (R1 + R2)$$

O tempo que o pino de saída permanece baixo t_{LOW} é dado como:

$$t_{LOW} = .693 \cdot C \cdot R2$$

A frequência, f, da série de impulsos é:

$$f = \frac{1}{t_{HIGH} + t_{LOW}}$$

2.2.2 Aplicação :

O circuito temporizador astável 555 pode ser utilizado nas seguintes aplicações:

1. Modular transmissores como os transmissores ultra-sónicos e de infravermelhos.
2. Criar um sinal de relógio exato (Exemplo: Existe um pino acumulador de impulsos no microcontrolador 68HC11 que conta os impulsos. Pode aplicar um circuito temporizador astável 555 definido para uma frequência de 1 Hz ao pino acumulador de impulsos e criar um contador de segundos no microcontrolador. O acumulador de impulsos será abordado mais tarde no curso)
3. Ligar e desligar um atuador em intervalos de tempo definidos para uma duração fixa.

Temporizadores 555 para modular a luz infravermelha (IR):

Um emissor de IV vai ser modulado utilizando um temporizador astável 555 neste exercício de eletrónica. O emissor de IV tem de ser modulado por uma frequência de 38 kHz, uma vez que o detetor utilizado neste exercício só detecta IV modulada a 38 kHz. O detetor está configurado para ver apenas infravermelhos modulados a 38 kHz, porque existem fontes de infravermelhos aleatórias, tais como luzes no teto, o sol, aquecedores, etc., na maioria dos ambientes que podem causar interferências se se utilizar infravermelhos não modulados. A Fig.2.3 mostra um transmissor de IV modulado

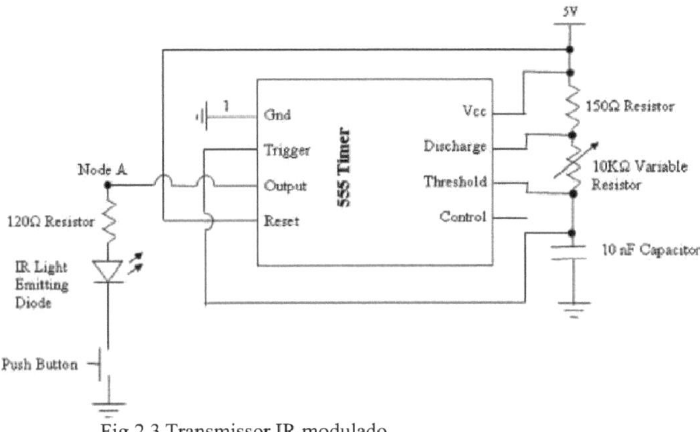

Fig.2.3 Transmissor IR modulado

2.3 TSOP 1738

Introdução:

O *TSOP 1738* é um membro da série de *receptores de controlo remoto IR*. Este módulo de sensor IR é composto por um díodo PIN e um pré-amplificador que estão integrados numa única embalagem. A saída do TSOP é ativa baixa e fornece +5V no estado desligado. Quando as ondas IR, provenientes de uma fonte, com uma frequência central de 38 kHz incidem sobre ele, a sua saída fica baixa. O sensor utilizado neste projeto na extremidade recetora de IV é essencialmente um foto-transístor com um par de transístores em modo Darlington incorporado. Este sensor disponível no mercado, como mostra a Fig.2.4, é designado por TSOP1738.

Descrição do sensor de infravermelhos modulado (38 KHz)

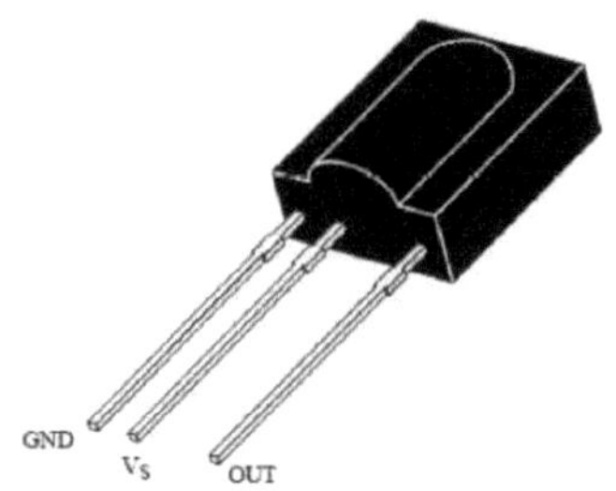

Fig.2.4 Configuração de pinos TSOP 1738

2.3.1 Descrição:

A série TSOP17 é constituída por receptores miniaturizados para sistemas de controlo remoto por infravermelhos. O díodo PIN e o pré-amplificador são montados numa estrutura de chumbo, o pacote de epóxi é concebido como filtro IR.

O sinal de saída desmodulado pode ser descodificado diretamente por um microprocessador. O TSOP1738 é a série padrão de receptores de controlo remoto IR, suportando todos os principais códigos de transmissão.

Caraterísticas

_ Detetor de foto e pré-amplificador num só pacote
_ Filtro interno para frequência PCM
_ Proteção melhorada contra perturbações do campo elétrico
_ Compatibilidade TTL e CMOS
_ Saída ativa baixa
_ Baixo consumo de energia
Alta imunidade à luz ambiente
_ Possibilidade de transmissão contínua de dados (até 2400 bps)
Comprimento de rajada adequado 10 ciclos/rajada

2.3.2 Caraterísticas Diagrama de blocos:

O diagrama de blocos interno do TSOP1738 é apresentado na Fig.2.5 abaixo,

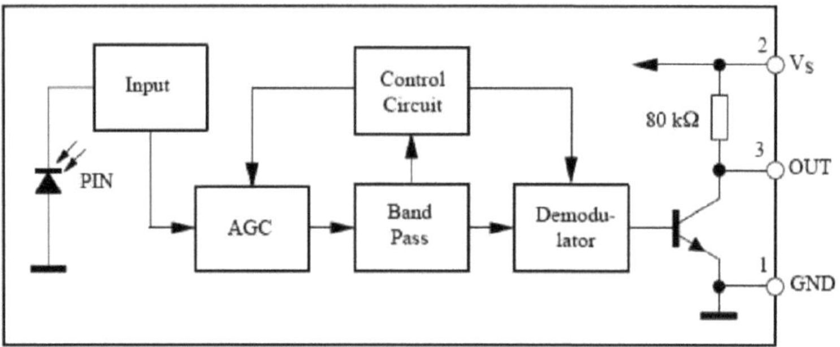

Fig.2.5 Diagrama de blocos do TSOP1738

2.3.3 Aplicação do TSOP1738 no projeto:

O sensor utilizado no projeto produz efetivamente um impulso alto quando a barreira de feixe é libertada. A utilização do TSOP1738 é mostrada na Fig.13.

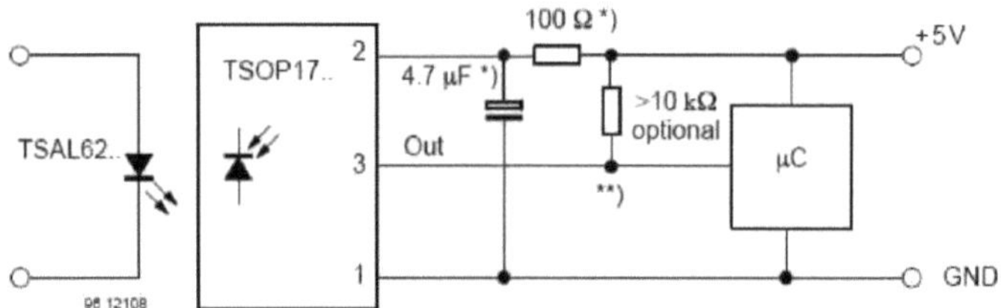

Fig.2.6 Circuito de aplicação TSOP1738 no projeto

2.4 LS7474

Introdução:

Descrição geral do LS7474:-.

Este dispositivo contém dois flip-flops D independentes com saídas complementares. A informação na entrada D é aceite pelos flip-flops no bordo positivo do impulso do relógio. O disparo ocorre a um nível de tensão e não está diretamente relacionado com o tempo de transição da borda ascendente do relógio. Os dados na entrada D podem ser alterados enquanto o relógio estiver BAIXO ou ALTO sem afetar as saídas, desde que os tempos de configuração e retenção dos dados não sejam violados. Um nível lógico baixo nas entradas de pré-seleção ou de desativação irá ativar ou desativar as saídas, independentemente dos níveis lógicos das outras entradas.

2.4.1 Diagrama de blocos do LS7474 e tabela funcional:

A Fig. 2.7 mostra o diagrama de blocos do LS7474

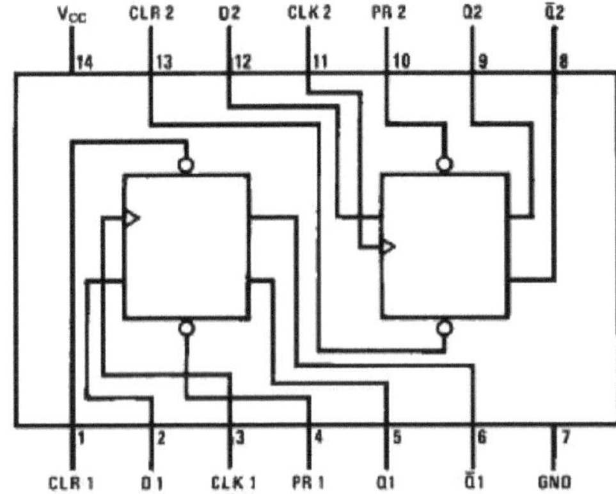

Fig.2.7 Diagrama de blocos do LS7474

A Tabela de Funções do LS7474 é apresentada na Tabela.2.1.

Entradas				Saídas	
RP	CLR	CLK	D	Q	Q
L	H	X	X	H	L
H	L	X	X	L	H
L	L	X	X	H (Nota ij	H<Nota i)
H	H	r	H	H	L
H	H	1	L	L	H
H	H	L	X	QQ	QD

Tabela.2.1 Tabela de funções do LS7474

Nível lógico HHIGH

XNível lógico BAIXO ou ALTO

Nível lógico LLOW

tTransição positiva

Q0 Os níveis lógicos de saída de Q antes de serem estabelecidas as condições de entrada indicadas.

Nota 1: Esta configuração é não-estável; ou seja, não persistirá quando as entradas de pré-seleção e/ou de limpeza voltarem ao seu nível inativo (HIGH).

Tal como utilizado no projeto (como continuação do TSOP1738):

O pino 6 é utilizado como indicador sempre ligado. O pino 5 é utilizado para a deteção de intrusos. O pino 3 (relógio) é alimentado a partir da saída do pino 3 do TSOP1738. O pino 2 está ligado a Vcc (+5v). O pino 1 (Clear) está ligado à terra através de um microinterruptor.

2.4.2 Aplicação:

O disparo de borda +ve do TSOP1738, obtido a partir do seu pino 3, quando a obstrução da barreira do feixe é libertada, é alimentado à entrada de relógio (pino 3) do 7474LS. O D FF faz então com que a saída Q (pino 5) fique alta e, subsequentemente, o pino 6 (Q) fica baixo. Assim, quando um intruso é detectado pelo mecanismo de interrupção da barreira de feixe, o D FF é ativado. O modo/estado de Q só pode ser alterado premindo o microinterruptor, que apaga todo o estado de Q ou converte o estado já elevado de Q em estado baixo. Aquando da interrupção da barreira do feixe, a indicação visual é dada pelo LED verde que se apaga

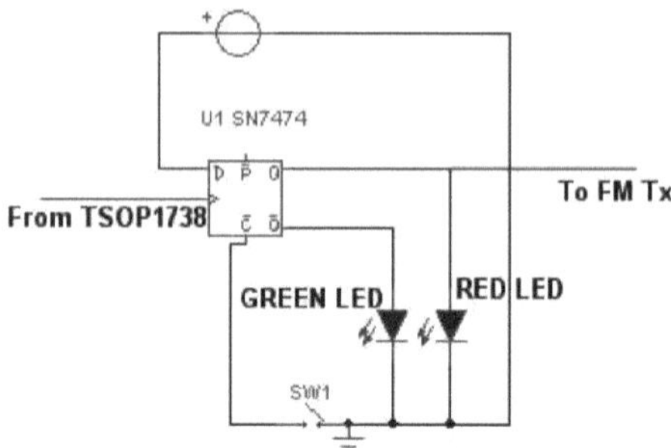

enquanto o LED vermelho começa a brilhar.

Fig.2.8 LS7474 funcionando como um trinco

2.5 Circuito emissor/recetor de FM:

O transmissor de FM é um circuito muito simples que utiliza o fenómeno básico das oscilações electromagnéticas numa bobina de indutância em circuitos de tanque normais. A Fig.2.9 mostra o circuito transmissor/recetor de FM.

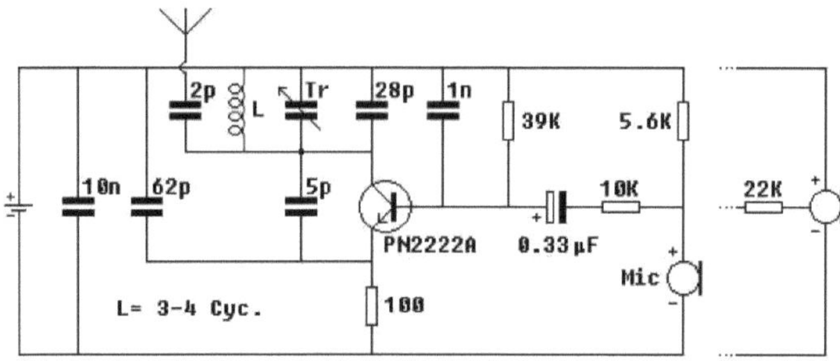

Fig.2.9 Circuito transmissor/recetor de FM

Dados técnicos:

Tensão de alimentação : 1,1 - 3 Volts

Consumo de energia: 1,8 mA a 1,5 Volts

Alcance : 30 metros máx. a 1,5 Volts

A principal vantagem deste circuito é o facto de a fonte de alimentação ser uma pilha de 1,5Volts (qualquer tamanho), o que permite fixar a placa de circuito impresso e a pilha em locais muito apertados. O transmissor funciona mesmo com pilhas recarregáveis NiCd normais, por exemplo uma pilha AA de 750mAh faz funcionar cerca de 500 horas (enquanto arrasta 1,4mA a 1,24V) o que equivale a 20 dias. Este circuito é especialmente valioso em operações de espionagem amadora)

O transístor não é uma parte crítica do circuito, mas a seleção de um transístor de alta frequência/baixo ruído contribui para a qualidade do som e para o alcance do transmissor. PN2222A, 2N2222A, série BFxxx, BC109B, C, e até mesmo o conhecido BC238 funcionam perfeitamente. A chave para um circuito que funcione bem e de baixo consumo é usar um transístor de alto hFE / baixo Ceb (capacidade de junção interna).

Nem todos os microfones de condensador têm as mesmas caraterísticas eléctricas, por isso, depois de operar o circuito, utilize uma resistência variável de 10K em vez da de 5,6K, que fornece corrente ao amplificador interno do microfone, e ajuste-a para um ponto ótimo em que o som seja melhor em amplitude e qualidade. De seguida, anote o valor da resistência variável e substitua-a por uma resistência fixa.

A parte crítica é a indutância L que foi feita à mão. Um fio de cobre esmaltado de 0,5 mm (AWG24) foi enrolado em dois laços soltos com um diâmetro de 4-5 mm. O tamanho do fio também pode variar. Um rádio FM foi mantido perto do circuito e a frequência foi ajustada onde não havia receção. O trimmer do transmissor foi ajustado até se encontrar um ponto morto.

Recetor FM:-

Para este projeto, é utilizado um IC CXA1916BS disponível no mercado, utilizado para desmodulador FM/AM. O diagrama é apresentado na Fig.2.10. Também o diagrama prático do recetor FM é mostrado na Fig.2.11.

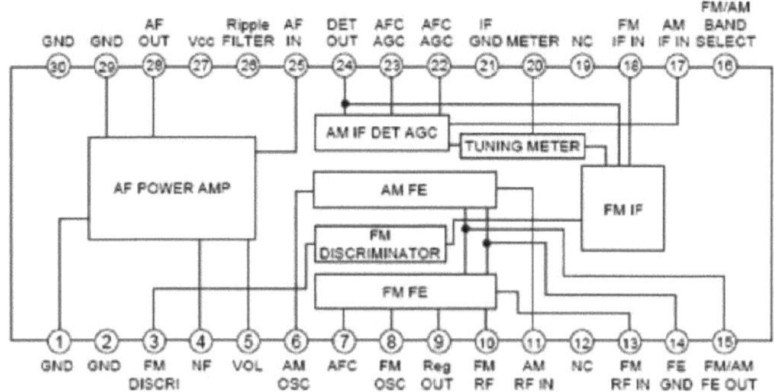

Fig.2.10 Demodulador FM/AM CXA1916BS

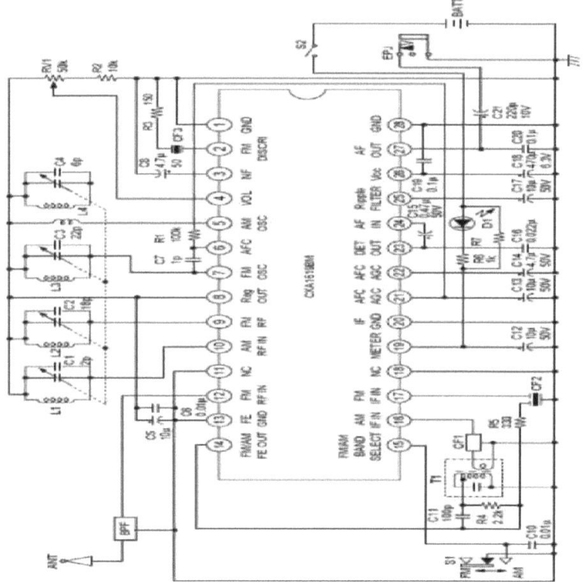

Fig.2.11 Circuito prático de FM Rx

Outras fontes geradoras de impulsos a alimentar a entrada do porto A do 8255A:

2.6 Segurança de perímetro baseada em laser:

O diagrama de blocos da unidade apresentado na Fig. 2.12 mostra a disposição geral para proporcionar segurança a uma casa. Uma lanterna laser alimentada por uma fonte de alimentação de 3V é utilizada para gerar um feixe laser. Uma combinação de espelhos planos M1 a M6 é utilizada para dirigir o feixe laser em torno da casa, formando uma rede. O feixe laser é dirigido para incidir finalmente num LDR que faz parte da unidade recetora, como se mostra na Fig.2.12. Qualquer interrupção do feixe por parte de um ladrão/violação resultará na ativação do alarme. O circuito de alimentação de 3V é um circuito convencional de retificador-filtro de onda completa.

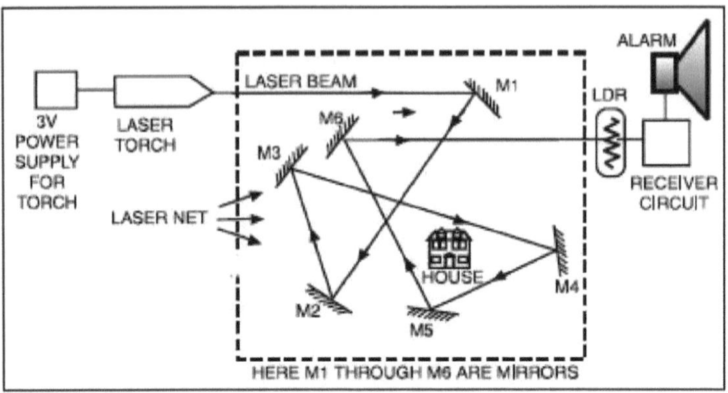

Fig.2.12 Diagrama de blocos da unidade

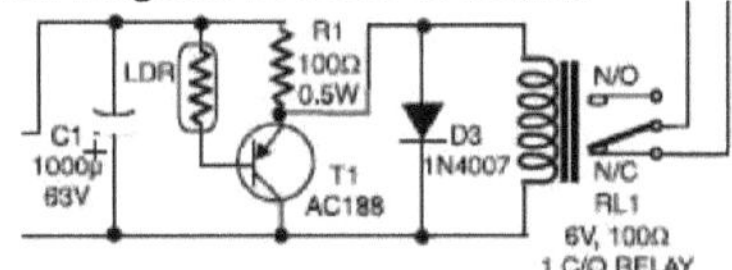

Fig.2.13 Circuito LDR

O feixe de laser é apontado continuamente para o LDR. Enquanto o feixe de laser incide sobre o LDR, o transístor T1 permanece polarizado para a frente e o relé RL1 está, portanto, em condição de energização. Quando uma pessoa cruza a linha do feixe de laser, o relé RL1 desliga-se, como mostra a Fig.2.13.

Nesta condição, o raio laser não terá qualquer efeito no LDR e o alarme continuará a funcionar enquanto o trinco (LS7474) estiver ligado. Quando a lanterna é ligada, o raio laser apontado é refletido a partir de um ponto/lugar definido na periferia da casa. Utilizando um conjunto de espelhos corretamente orientados, é possível formar uma rede invisível de raios laser, como mostra o diagrama de blocos. O último raio incide sobre o LDR do circuito.

Nota 2: O LDR é mantido num tubo comprido para o proteger de outras fontes de luz e a sua distância total da fonte pode ser limitada a 500 metros.

2.7 Sensor de humidade corporal utilizando um único temporizador 555 em modo monoestável:

O diagrama de blocos monoestável do temporizador 555 é apresentado na Fig.2.14.

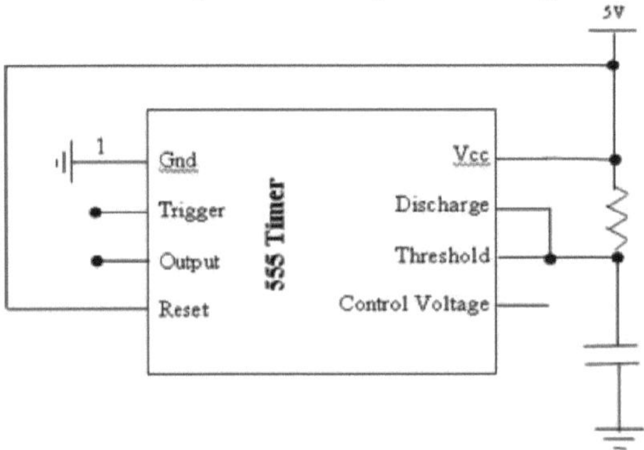

Fig.2.14 Diagrama de blocos monoestável do temporizador 555

O corpo do monoestável zumbe o funcionamento do sensor:

O pino de descarga está ligado internamente à terra. O pino de descarga é desligado da terra e o pino de saída é elevado quando o pino de disparo passa de Vcc para 33% de tensão Vcc. O condensador, *C*, começa a carregar-se através da resistência, *R*. O pino de limiar é utilizado para detetar quando a tensão através do condensador atinge 66,6% da tensão Vcc. Quando a tensão através do condensador atinge 66,6% da tensão Vcc, o pino de saída é colocado em baixo e o pino de descarga é ligado de novo à terra. Quando o pino de descarga é ligado de novo à terra, o condensador é descarregado. A duração do impulso de saída depende do momento em que o condensador atinge 66,6% da tensão Vcc. Esta taxa é determinada pela capacidade de carga do condensador, *C*, e pela resistência, *R*. A duração do impulso de saída t_P, é:

$$tP = 1.1RC$$

O pino de disparo (pino 2) do 555 é alimentado por um sistema de transístores Darlington emparelhados que, por sua vez, é alimentado por uma bobina de cobre de 4 voltas. A indutância da bobina de cobre muda com as alterações do zumbido corporal na proximidade e, por conseguinte, acciona o multivibrador monoestável que, por sua vez, bloqueia o LS7474 D Flip Flop.

Todo o circuito é montado num motor DC rotativo, como se mostra na Fig.2.15. Esta rotação (de 15RPM) procura na sala a proximidade do zumbido do corpo em todo o ângulo de 360^0 .

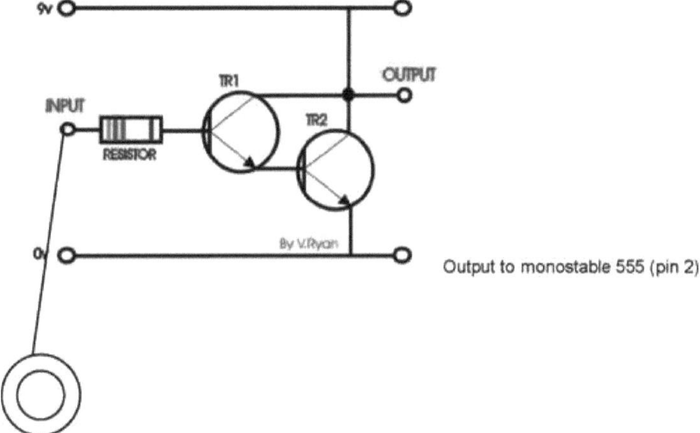

Fig.2.15 Bobina ligada ao par Darlington

A sereia:

A sirene é construída em torno do UM3561 disponível comercialmente, que é um IC gerador de quatro tons, como mostrado na Fig.2.16. O circuito de aplicação também é mostrado na Fig.2.17. A Tabela 2.2 mostra o processo de seleção dos tons da sirene.

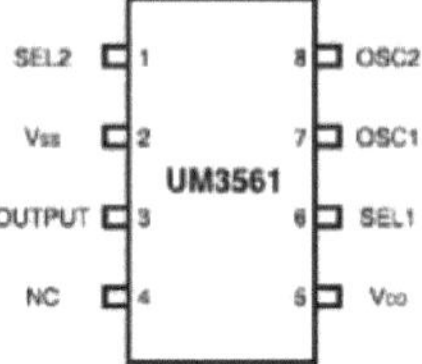

Fig.2.16 Configuração dos pinos do UM3561

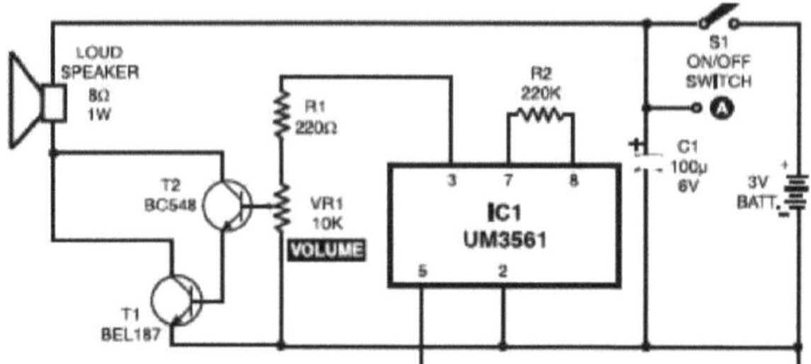

Fig.2.17 Circuito de aplicação do UM3561

Som de alarme	Ligações dos circuitos	
	Pino 1 do CI ligado a	Pino 6 do CI ligado a
Sirene da polícia	NC	NC
Sirene de ambulância	NC	ED
Som do carro de bombeiros	NC	VSS
Som de metralhadora	Vss	NC

Companheiro. MC indica que não há necessidade

Tabela.2.2 Processo de seleção do tom da sirene UM3561

Capítulo 3

Diagrama do projeto com visão geral do microprocessador

3.1 Diagrama de blocos do circuito montado

O projeto completo montado é apresentado neste capítulo. Também é ilustrada uma descrição vívida do microprocessador 8085. A Fig.3.1 mostra o diagrama de blocos do circuito montado.

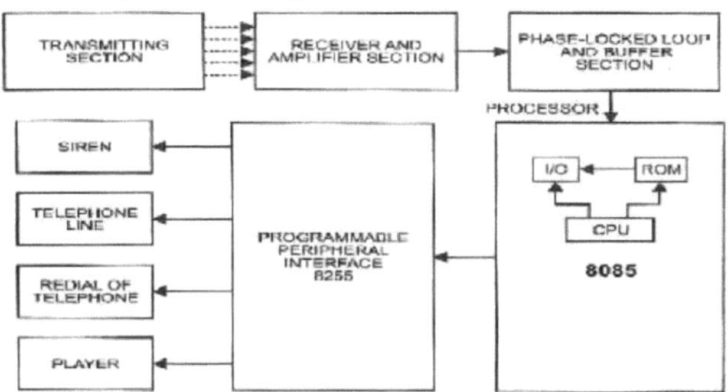

Fig.3.1 Diagrama de blocos do circuito montado

3.2 Esquema pormenorizado do circuito:

O diagrama de circuito detalhado com a secção de trinco do LS7474 é apresentado na Fig.3.2 abaixo,

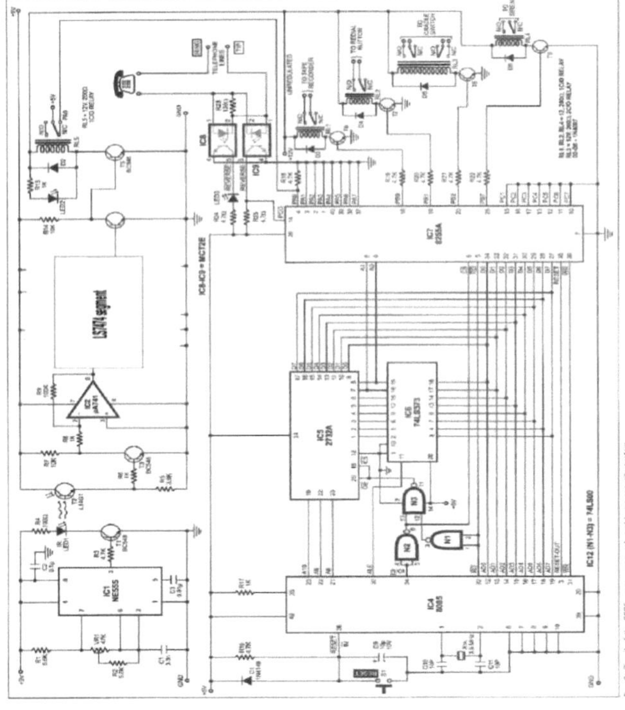

Fig.3.2 Diagrama de circuito detalhado com a secção de trinco do LS7474

3.3 Circuito de alimentação eléctrica:

Todos os 4 díodos são essencialmente os díodos da série 4148 utilizados para fazer a ponte rectificadora como se mostra na Fig.3.3. O IC7809 fornece uma tensão de saída rectificada de 9V a partir do pino3 ou do pino de saída. Os condensadores são escolhidos de modo a cancelar qualquer ondulação na tensão de entrada e, por conseguinte, a reduzir a concentração de ruído.

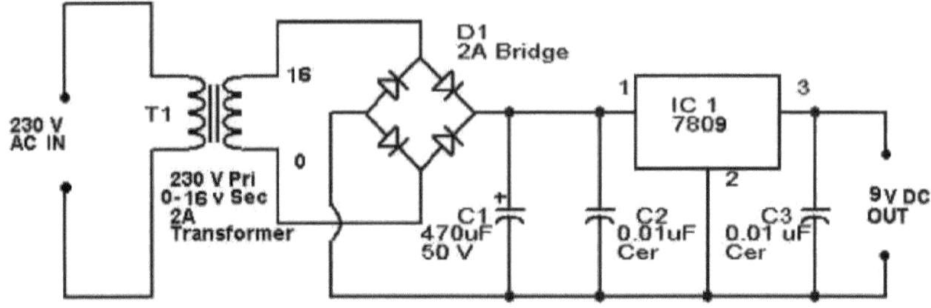

Fig.3.3 Retificador de onda completa e retificador IC7809

3.4 MICROPROCESSADOR 8085

Os pormenores do microprocessador 8085 são aqui abordados.

Introdução:

O termo unidade de microprocessamento (MPU) é semelhante ao termo unidade central de processamento (CPU) utilizado nos computadores tradicionais. Definimos a MPU como um dispositivo ou um grupo de dispositivos (como uma unidade) que pode comunicar com os periféricos, fornecer sinais de temporização, dirigir o fluxo de dados e executar tarefas de computação conforme especificado pelas instruções na memória. A unidade terá as linhas necessárias para o barramento de endereços, o barramento de dados e os sinais de controlo, e necessitará apenas de uma fonte de alimentação e de um cristal (ou componentes equivalentes de determinação da frequência) para ser completamente funcional.

Utilizando esta descrição, o microprocessador 8085 pode quase ser classificado como uma MPU, mas com as duas limitações seguintes.

1. O barramento de endereços de ordem inferior do microprocessador 8085 é multiplexado (tempo partilhado) com o barramento de dados. Os barramentos precisam de ser desmultiplexados.
2. É necessário gerar sinais de controlo apropriados para fazer a interface entre a memória e as E/S com o^ 8085. (A Intel tem alguns dispositivos especializados de memória e E/S que não requerem tais sinais de controlo).

Esta secção mostra como desmultiplexar o barramento e gerar os sinais de controlo, depois de descrever o microprocessador 8085 e ilustrar as temporizações do barramento.

O 8085A (normalmente conhecido como 8085) é um microprocessador de uso geral de 8 bits capaz de endereçar 64K de memória. O dispositivo tem quarenta pinos, requer uma fonte de alimentação única de +5 V e pode funcionar com um relógio monofásico de 3 MHz. A versão 8085A-2 pode funcionar à frequência máxima de 5 MHz. O 8085 é uma versão melhorada do seu antecessor, o 8080A; o seu conjunto de instruções é compatível com o do 8080A, o que significa que o conjunto de instruções do 8085 inclui todas as instruções do 8080A mais algumas adicionais.

A figura 4.1 mostra a pinagem lógica do microprocessador 8085. Todos os sinais podem ser classificados em seis grupos: (1) barramento de endereços, (2) barramento de dados, (3) sinais de controlo e de estado, (4) sinais de alimentação e de frequência, (5) sinais iniciados externamente e (6) portas de E/S em série.

3.5 BUS DE ENDEREÇO do 8085:

O 8085 tem 16 linhas de sinal (pinos) que são utilizadas como bus de endereços; no entanto, estas linhas estão divididas em dois segmentos: Als-Ag e AD7-ADo. As oito linhas de sinal, $A_{,s\text{-}Ag}$, são unidireccionais e utilizadas para os bits mais significativos, chamados endereço de ordem alta, de um endereço de 16 bits. As linhas de sinal AD7-ADo são utilizadas para uma dupla finalidade, como se explica na secção seguinte.

ENDEREÇO MULTIPLEXADO/BARRAMENTO DE DADOS

As linhas de sinal AD7-AD0 são bidireccionais: têm um duplo objetivo. São utilizadas como barramento de endereços de ordem baixa e como barramento de dados. Na execução de uma instrução, durante a parte inicial do ciclo. Estas linhas são utilizadas como o barramento de endereços de ordem inferior. Durante a parte final do ciclo, estas linhas são utilizadas como barramento de dados. (Isso também é conhecido como multiplexação do barramento.) No entanto, o barramento de endereço de ordem baixa pode ser separado desses sinais usando um latch.

3.6 SINAIS DE CONTROLO E DE ESTADO

Este grupo de sinais inclui dois sinais de controlo (RD e WR), três sinais de estado (10/M, S1 e So) para identificar a natureza da operação e um sinal especial (ALE) para indicar o início da operação. Estes sinais são os seguintes:

ALE-Address Latch Enable: Este é um impulso positivo gerado sempre que o 8085 inicia uma operação (ciclo de máquina); indica que os bits em AD7-ADo são bits de endereço. Este sinal é utilizado principalmente para bloquear o endereço de ordem inferior do bus multiplexado e gerar um conjunto separado de oito linhas de endereço, A7-Ao.

RD-Leitura: Este é um sinal de controlo de leitura (ativo baixo). Este sinal indica que o dispositivo de E/S ou de memória selecionado deve ser lido e que os dados estão disponíveis no barramento de dados.

WR-Escrita: Este é um sinal de controlo de escrita (ativo baixo). Este sinal indica que os dados do barramento de dados devem ser escritos numa memória selecionada ou numa localização *1/0.*

I0/M: Este é um sinal de estado utilizado para diferenciar entre operações de E/S e de memória.

Quando está alto, indica uma operação de E/S; quando está baixo, indica uma operação de memória. Este sinal é combinado com RD (leitura) e WR (escrita) para gerar sinais de controlo de E/S e de memória.

Sl e So: Estes sinais de estado, semelhantes ao 101M, podem identificar várias operações, mas raramente são utilizados em sistemas pequenos. (Todas as operações e respectivos sinais de estado associados estão listados no Quadro 4.1 para referência)

FONTE DE ALIMENTAÇÃO E FREQUÊNCIA DE RELÓGIO

A alimentação eléctrica e os sinais de frequência são os seguintes

V cc: alimentação eléctrica de +5 V

Vss: Referência de terra.

Xl, X2: Um cristal (ou rede RC, LC) é ligado a estes dois pinos. A frequência é dividida internamente por dois; portanto, para operar um sistema a 3 MHz, o cristal deve ter uma frequência de 6 MHz.

CLK (OUT) - Saída de relógio: Este sinal pode ser utilizado como relógio do sistema para outros dispositivos.

Tabela.3.1 Estado do ciclo de máquina do 8085 e sinais iniciados externamente, incluindo interrupções

Ciclo da máquina	IO/M	S1	S0	Sinal de controlo
Busca de código de operação	0	1	1	RD=0
Leitura de memória	0	1	0	RD=0
Escrita de memória I	0	0	1	WR=0
I/O Leitura	1	1	0	RD=0

Escrita de E/S	1	0	1	WR=0
Reconhecimento de interrupção	1	1	1	INTA=0
Parar	Z	0	0	RD,WR=Z e INTA=1
Manter	Z	X	X	RD,WR=Z e INTA=1
Reiniciar	Z	X	X	RD,WR=Z e INTA=1

3.7 Interrupção do 8085:

O 8085 tem cinco sinais de interrupção (ver Tabela 4.2) que podem ser utilizados para interromper a execução de um programa. Um dos sinais, INTR (Pedido de interrupção), é idêntico ao sinal de interrupção do microprocessador 8080A (INT); os outros são melhoramentos do 8080A. O microprocessador confirma um pedido de interrupção através do sinal INTA (confirmação de interrupção). Para além das interrupções, três pinos - RESET, HOLD e READY - aceitam os sinais iniciados externamente como entradas.

8085 Interrupções e sinais iniciados externamente

INTR (entrada): Pedido de interrupção: É utilizado como uma interrupção de objetivo geral; é semelhante ao sinal INT do 8080A.

INTA (saída): Reconhecimento de interrupção: É utilizado para confirmar uma interrupção.

RST 7.5 (entradas): Interrupções de reinício: São interrupções vectorizadas que transferem o controlo do programa - RST6.5 para localizações de memória específicas. Têm prioridades mais elevadas do que a RST5.5, a interrupção INTR. Entre estas três, a ordem de prioridade é 7.5, 6.5 e 5.5.

TRAP (entrada): Esta é uma interrupção não mascarável e tem a prioridade mais elevada.

HOLD (entrada): Este sinal indica que um periférico, tal como um controlador DMA (Diret Memory Access), está a solicitar a utilização dos barramentos de endereço e de dados.

HLDA (saída): Confirmação de retenção: Este sinal reconhece o sinal de pedido de HOLD chamado HLDA (Hold Acknowledge): As funções destes sinais foram previamente discutidas na Secção 3.1.3. O RESET é novamente descrito abaixo, e outros são listados na Tabela 4.2 para referência.

READY (entrada): Este sinal é utilizado para atrasar os ciclos de leitura ou escrita do microprocessador até que um periférico de resposta lenta esteja pronto para enviar ou aceitar dados. Quando este sinal está em baixo, o microprocessador espera um número integral de ciclos de relógio até estar em cima.

RESET IN: Quando o sinal neste pino é baixo, o contador de programas é colocado a zero, os barramentos são tri-estacionados e a MPU é reiniciada.

RESET OUT: Este sinal indica que a MPU está a ser reiniciada. O sinal pode ser utilizado para reiniciar outros dispositivos.

PORTAS I/O DE SÉRIE: O 8085 tem dois sinais para implementar a transmissão em série: SID (Serial Input Data) e SOD (Serial Output Data). Na transmissão em série, os bits de dados são enviados através de uma única linha, um bit de cada vez, tal como a transmissão através de linhas telefónicas. Este assunto será abordado no Capítulo 16 sobre E/S em série.

Neste capítulo, centrar-nos-emos nos três primeiros grupos de sinais; os outros serão abordados em capítulos posteriores.

3.8 Diagrama funcional do 8085:

O diagrama funcional do microprocessador 8085 é apresentado na Fig.3.4.

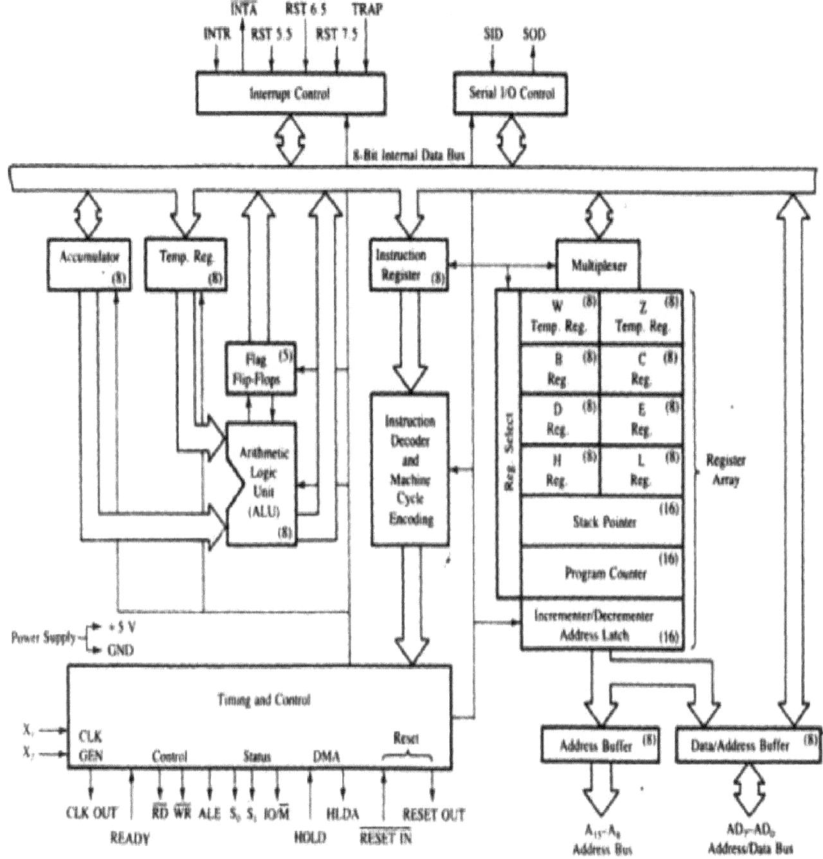

Fig.3.4 Diagrama funcional do microprocessador 8085

ALU:

A unidade aritmética/lógica executa as funções de computação; inclui o acumulador, o registo temporário, os circuitos aritméticos e lógicos e cinco sinalizadores. O registo temporário é utilizado para guardar dados durante uma operação aritmética/lógica. O resultado é armazenado no acumulador e os sinalizadores (flip-flops) são definidos ou reiniciados de acordo com o resultado da operação.

Os sinalizadores são afectados pelas operações aritméticas e lógicas na UAL. Na maioria destas operações, o resultado é armazenado no acumulador. Por conseguinte, os sinalizadores reflectem geralmente as condições dos dados no acumulador - com algumas excepções. As descrições e condições dos sinalizadores são as seguintes:

Bandeira S-Sign:

Após a execução de uma operação aritmética ou lógica, se o bit D7 do resultado (normalmente no acumulador) for 1, o sinalizador de sinal é ativado. Este sinalizador é utilizado com números assinados. Num dado byte, se D7 for I, o número será visto como um número negativo; se for 0, o número será considerado positivo. Em operações aritméticas com números com sinal, o bit D7 é reservado para indicar o sinal, e os restantes sete bits são utilizados para representar a magnitude de um número. No entanto, este sinalizador é irrelevante para as operações de números sem sinal. Portanto, para números sem sinal, mesmo que o bit D7 de um resultado seja I e o sinalizador esteja definido, isso não significa que o resultado seja negativo. (Ver Apêndice A2 para uma discussão sobre números com sinal).

Bandeira Z-Zero:

O sinalizador Zero é definido se a operação da ALU resultar em 0, e o sinalizador é reposto se o resultado não for 0. Esta bandeira é modificada pelos resultados no acumulador, bem como nos outros registos

Bandeira de transporte auxiliar AC:

Numa operação aritmética, quando um transporte é gerado pelo dígito D3 e passado para o dígito D4', o sinalizador AC é ativado. O sinalizador é utilizado apenas internamente para operações BCD (decimal codificado em binário) e não está disponível para o programador alterar a sequência de um programa com uma instrução de salto.

Bandeira P-Paridade:

Após uma operação aritmética ou lógica, se o resultado tiver um número par de I s, o sinalizador é ativado. Se tiver um número ímpar de I s, o sinalizador é reposto. (Por exemplo, o byte de dados 0000 001 I tem paridade par, mesmo que a magnitude do número seja ímpar)

CY-Bandeira de transporte:

Se uma operação aritmética resultar num transporte, o sinalizador de transporte é definido; caso contrário, é reposto. O sinalizador de transporte também serve como um sinalizador de empréstimo para subtração. Entre os cinco sinalizadores, o sinalizador AC é utilizado internamente para aritmética BCD; o conjunto de instruções não inclui quaisquer instruções de "salto condicional" baseadas no sinalizador AC. Dos restantes quatro sinalizadores, os sinalizadores Z e CY são os mais utilizados.

PADRÃO DE BITS ARMAZENADO NO REGISTO

D7	D6	D5	D4	D3	D2	D1	DO
S	Z		AC		P		CY

Tabela.3.2 Padrão de bits no registo

UNIDADE DE TEMPORIZAÇÃO E CONTROLO

Esta unidade sincroniza todas as operações do microprocessador com o relógio e gera os sinais de controlo necessários para a comunicação entre o microprocessador e os periféricos. Os sinais de controlo são semelhantes a um impulso de sincronização num osciloscópio. Os sinais RD e WR são impulsos de sincronização que indicam a disponibilidade de dados no barramento de dados.

REGISTO E DESCODIFICADOR DE INSTRUÇÕES

O registo de instruções e o descodificador fazem parte do ALD. Quando uma instrução é obtida da memória, é carregada no registo de instruções. O descodificador descodifica a instrução e estabelece a sequência de eventos a seguir. O registo de instruções não é programável e não pode ser acedido através de qualquer instrução.

MATRIZ DE REGISTO

Os registos programáveis também estão presentes. Dois registos adicionais, chamados registos temporários W e Z, estão incluídos na matriz de registos. Estes registos são utilizados para guardar dados de 8 bits durante a execução de algumas instruções. No entanto, como são utilizados internamente, não estão disponíveis para o programador. Os diagramas de pinagem do 8085 são mostrados na Fig.3.5.

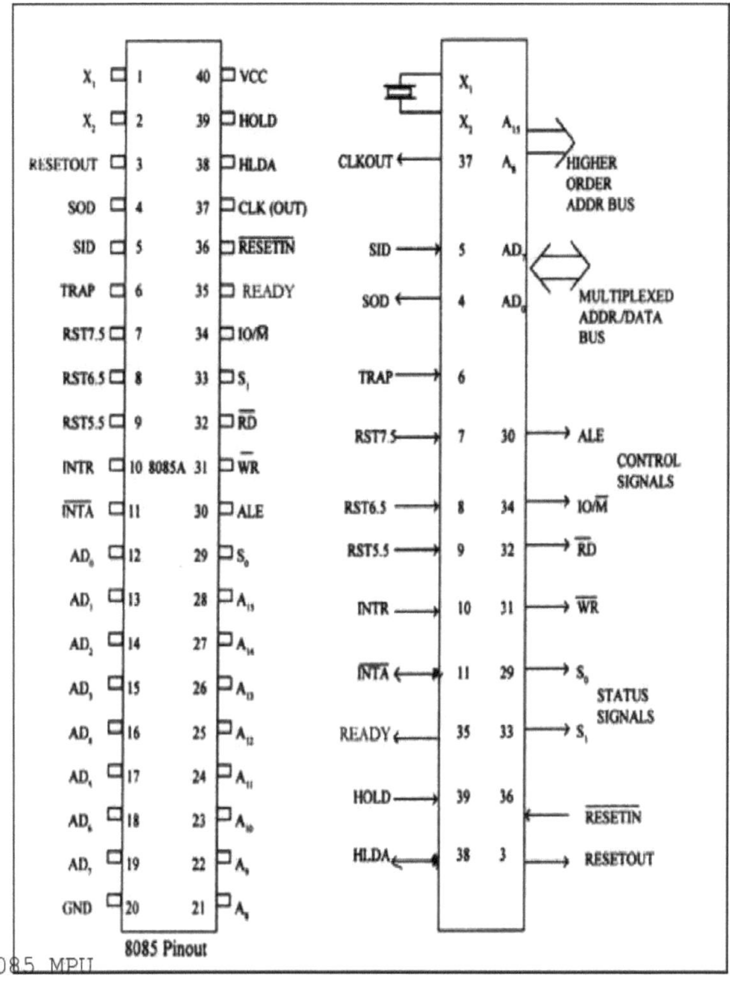

Fig.3.5 Diagramas de pinagem do 8085

3.9 8255A (INTERFACE PERIFÉRICA PROGRAMÁVEL)

Introdução:

O 8255A é um dispositivo de E/S paralelo, programável e amplamente utilizado. Pode ser programado para transferir dados em várias condições, desde E/S simples. É flexível, versátil e económico (quando são necessárias várias portas de E/S), mas algo complexo. É um importante dispositivo de E/S de uso geral que pode ser utilizado com quase todos os microprocessadores.

O 8255A tem 24 pinos de E/S que podem ser agrupados principalmente em duas portas paralelas de 8 bits: A e B, com os oito bits restantes como porta C. Os 8 bits da porta C podem ser usados como bits individuais ou ser agrupados em duas portas de 4 bits: C-Upper (CU) e C-Lower (CL), como na Fig.3.6. As funções destas portas são definidas escrevendo uma palavra de controlo no registo de controlo. A Fig.3.6 mostra as portas de E/S do 8255A.

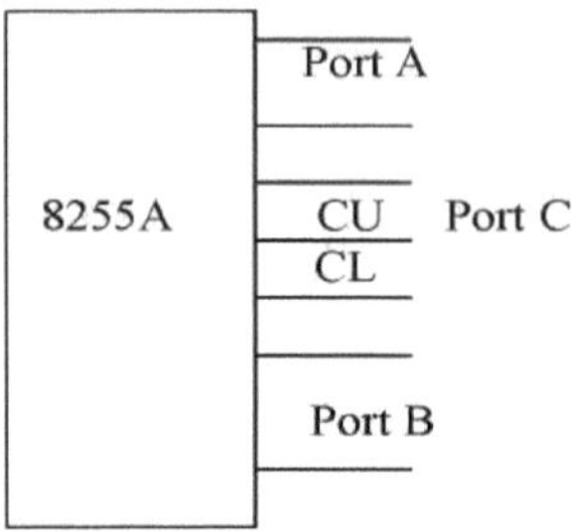

Fig.3.6 Portas de E/S do 8255A

A Fig.3.7 mostra todas as funções do 8255A, classificadas de acordo com dois modos: o modo Bit Set/Reset (BSR).

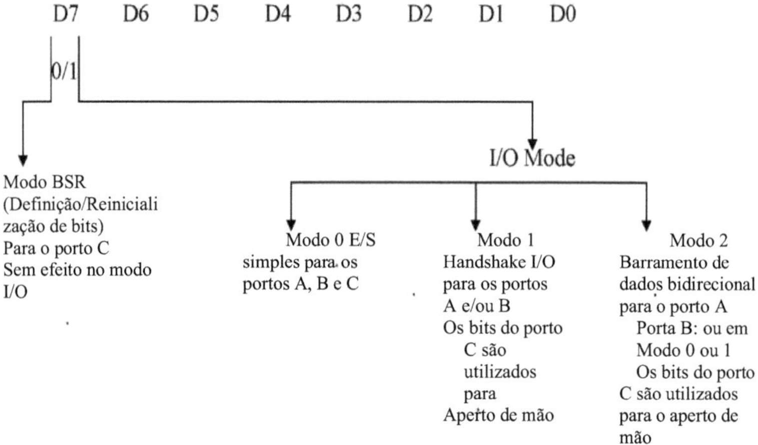

Fig.3.7 Modos diferentes do 8255A

3.10 Diagrama de blocos do 8255A:

O diagrama de blocos da Fig.3.8 mostra duas portas de 8 bits (A e B), duas portas de 4 bits (CU e CL), o buffer do barramento de dados e a lógica de controlo. A Fig.3.9 mostra uma versão simplificada mas alargada da estrutura interna, incluindo um registo de controlo.

LÓGICA DE CONTROLO:

A secção de controlo tem seis linhas. As suas funções e ligações são as seguintes:

RD (Leitura): Este sinal de controlo permite a operação de leitura. Quando o sinal é baixo, a MPU lê dados de uma porta de E/S selecionada do 8255A.

WR (Escrita): Este sinal de controlo permite a operação de escrita. Quando o sinal fica baixo, a MPU escreve numa porta de E/S selecionada ou num registo de controlo.

RESET (Reiniciar): Este é um sinal ativo alto; limpa o registo de controlo e coloca todas as portas no modo de entrada.

CS, A0 e A1: Estes são sinais de seleção de dispositivo. CS está ligado a um endereço descodificado e A0 e A1 estão geralmente ligados às linhas de endereço MPU A0 e A1, respetivamente.

O sinal CS é a seleção de chip principal, e A0 e A1 especificam uma das portas de E/S ou o registo de controlo, como indicado na Tabela 3.3.

CS	A1	A0	Selecionado
0	0	0	Porto A
0	0	1	Porto B
0	1	0	Porto C
0	1	1	Registo de controlo
1	X	X	8255A não está selecionado

Tabela.3.3 Seleção de chip, A0, A1 e configurações correspondentes

A Fig.3.8 mostra um registo chamado registo de controlo. O conteúdo deste registo, denominado palavra de controlo, especifica uma função de E/S para cada porta. Este registo pode ser acedido para escrever uma palavra de controlo quando A0 e A1 estão na lógica 1. O registo não é acessível para uma operação de leitura.

Para comunicar com periféricos através do 8255A, são necessários três passos:

1. Determine os endereços das portas A, B e C e do registo de controlo de acordo com a lógica Chip Select e as linhas de endereço A0 e A1.
2. Escrever uma palavra de controlo no registo de controlo.
3. Escreva instruções de E/S para comunicar com periféricos através das portas A, B e C.

Modo 0: Entrada ou saída simples

Neste modo, as portas A e B são utilizadas como duas portas E/S simples de 8 bits e a porta C como duas portas de 4 bits. Cada porta (ou meia porta, no caso de C) pode ser programada para funcionar simplesmente como uma porta de entrada ou uma porta de saída. As caraterísticas de entrada/saída no Modo 0 são as seguintes:

1. As saídas são bloqueadas.
2. As entradas não são bloqueadas.
3. As portas não têm capacidade de handshake ou de interrupção.

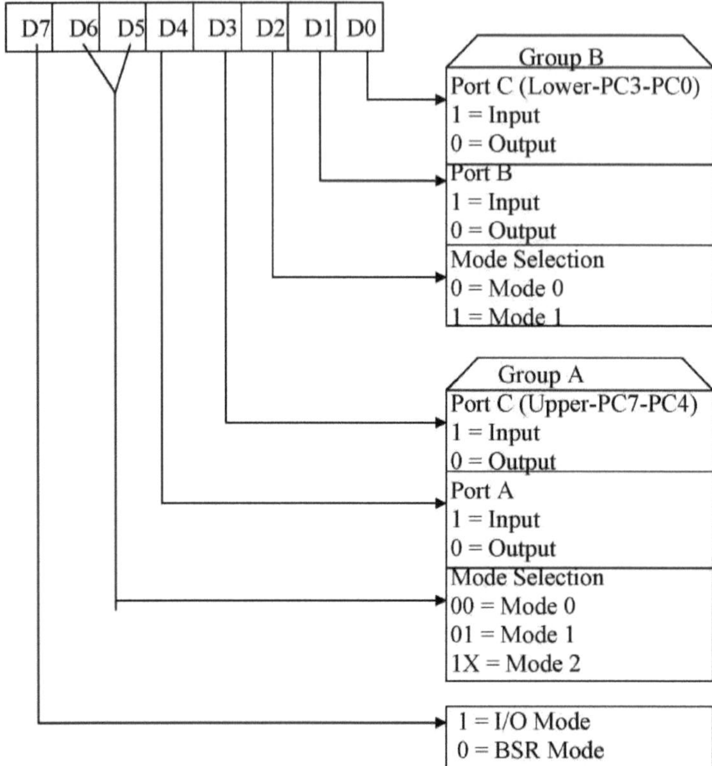

Fig 3.8 Formato da palavra de controlo do 8255A para o modo I/O

Modo BSR (Bit Set/Reset):

O modo BSR diz respeito apenas aos oito bits da porta C, que podem ser definidos ou reiniciados escrevendo uma palavra de controlo apropriada no registo de controlo. Uma palavra de controlo com o bit D7 = 0 é reconhecida como uma palavra de controlo BSR, e não altera qualquer palavra de controlo previamente transmitida com o bit D7 = 1: assim, as operações de E/S das portas A e B são como um interrutor de ligar/desligar.

PALAVRA DE CONTROLO BSR:

Esta palavra de controlo, quando escrita no registo de controlo, define ou repõe um bit de cada vez, conforme especificado na Fig.3.9 abaixo:

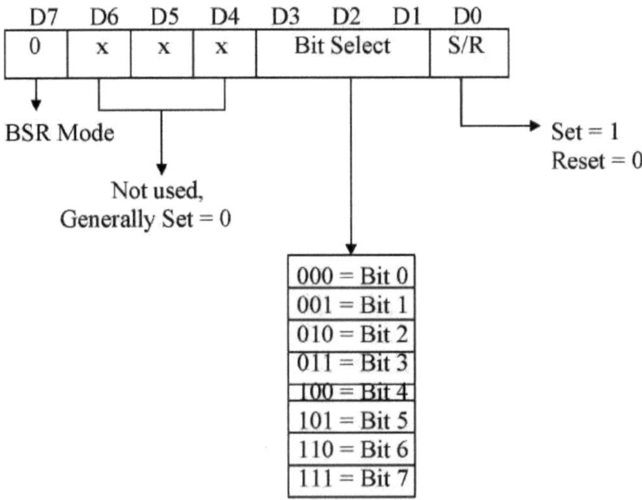

Fig 3.9 Formato da palavra de controlo do 8255 no modo BSR

Capítulo 4

Parte de implementação

PLANEAMENTO - UTILIZAÇÃO DE UM FLUXOGRAMA

Um fluxograma é uma excelente forma de planear um projeto. Cada fase do projeto é apresentada como uma sequência de eventos. Um fluxograma normalizado típico mostra o conteúdo de uma pasta de projeto apresentado como uma série de fases individuais. Cada fase conduz à seguinte, apresentando a sequência de eventos. Ao contrário de um gráfico de tempo, não é necessário adicionar intervalos de tempo para cada fase, embora isso possa ser feito se estiver a combinar um fluxograma e um gráfico de tempo.

O programa do sistema é escrito em linguagem de montagem para otimização da velocidade. O código de montagem representa uma posição intermédia entre o código de máquina e uma linguagem de alto nível. O código de montagem é normalmente uma mnemónica derivada da própria instrução, ou seja, LDA é derivado de LoaD the Accumulator.

O código assembly é, portanto, muito fácil de memorizar e utilizar quando se escrevem programas. Quando se introduz um programa em assembly num microprocessador, o código assembly tem de ser primeiro convertido em código de máquina. Para programas curtos, de poucas linhas, isto é relativamente fácil e normalmente requer que o programador construa uma tabela que contenha as mnemónicas de assembly e o código de máquina equivalente. Esta técnica é conhecida como Hand Assembly e está limitada a programas com cerca de cem linhas ou menos. Para programas mais longos, é utilizado um programa separado chamado programa assembler para converter o código assembly em código máquina, que é colocado diretamente na memória do microprocessador.

O fluxograma do projeto, ou seja, o sistema de segurança doméstica, é apresentado a seguir, seguido do código de máquina correspondente. Um outro fluxograma é descrito como subrotina de atraso, seguido do código de máquina correspondente.

O diagrama de fluxo do programa em linguagem Assembly é apresentado abaixo. A interface do dispositivo IC 8255 é inicializada com a palavra de controlo 99H. As portas A e C do IC 8255 actuam como portas de entrada, enquanto a porta B se torna a porta de saída. Após a inicialização, o microprocessador 8085 lê o estado da porta A. Se a porta A estiver alta, a sirene é activada. O telefone fica fora do descanso e o número de emergência é marcado através do botão de remarcação. O botão de remarcação é desligado depois de o número ser marcado. Agora, o microprocessador lê o estado da porta C e verifica a inversão de polaridade da linha telefónica. Quando a inversão da polaridade é detectada, o leitor de áudio liga-se para reproduzir a mensagem e a sirene fica no estado ativo. Caso contrário, repete-se o processo de ativação da sirene, seguido da marcação do número de emergência e assim por diante. A sirene toca até que o interrutor de reset seja premido.

4.1 Fluxograma do sistema de segurança doméstica

O fluxograma do sistema de segurança doméstica é apresentado na Fig.4.1:

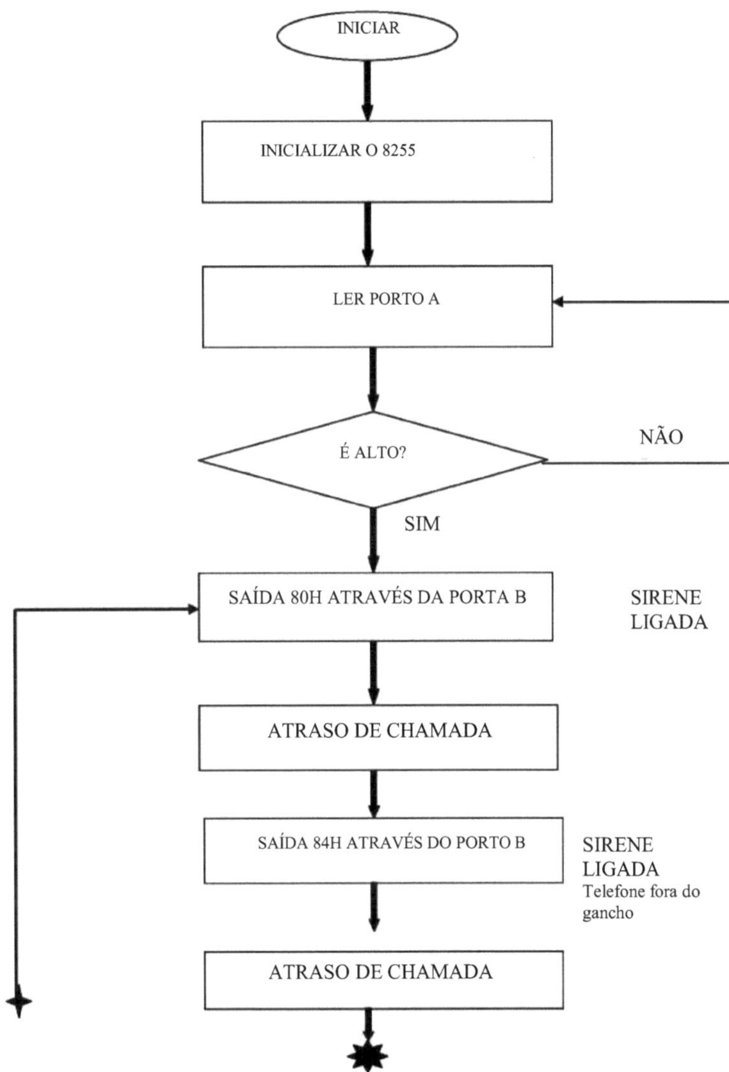

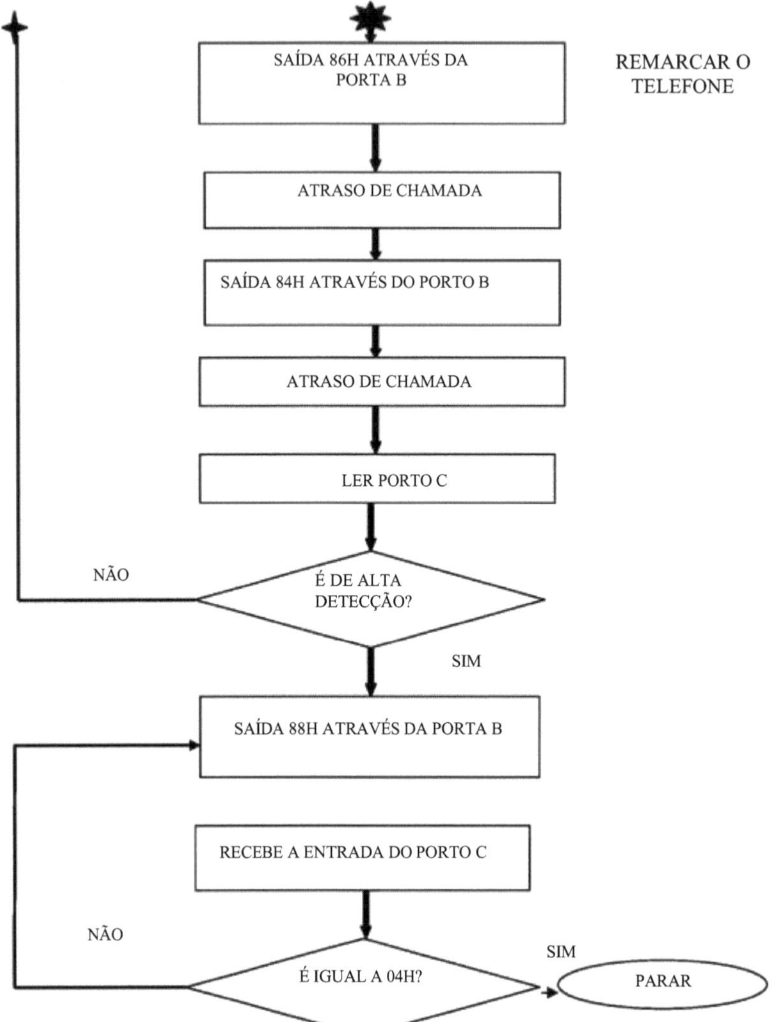

Fig.4.1 O fluxograma do sistema de segurança doméstica

4.2 Código de máquina para o sistema de segurança doméstica:

O código de máquina do sistema de segurança doméstica é apresentado no quadro 4.1:

Tabela.4.1 O código de máquina do sistema de segurança doméstica

ENDEREÇO	*MNEMÓNICA*	*CÓDIGO DE OPERAÇÃO / OPERANDO*	*OBSERVAÇÕES*
0000	LXI SP 1000	31	Inicializar o ponteiro da pilha para a posição de memória

0001		00	1000
0002		10	
0003	MVI A 99	3E	Carregar a palavra de controlo 99H no acumulador
0004		99	
0005	SAÍDA 0B	D3	Armazenar a palavra de controlo no registo de controlo.
0006		0B	
0007	IN 08	BD	Recebe a entrada do pino 0 (PA0) do porto A.
0008		08	
0009	IPC 01	FE	Compara a entrada com 01H
000A		01	
000B	JNZ 0007	C2	Se a entrada não for igual a 01H, recebe novamente a entrada do porto A.
000C		07	
000D		00	
000E	MVI A 80	3E	Carrega 80H no acumulador.
000F		80	
0010	SAÍDA 09	D3	Enviar o conteúdo do acumulador para o porto B para ativar o sistema de sirenes.
0011		09	
0012	CHAMADA D000	CD	Chamar a sub-rotina de atraso.

0013		00	
0014		D0	
0015	MVI A 84	3E	Carregar 84H no acumulador
0016		84	
0017	SAÍDA 09	D3	Enviar o conteúdo do acumulador para o porto B para tirar o telefone do gancho.
0018		09	
0019	CHAMADA D000	CD	Chamar a sub-rotina de atraso.
001A		00	
001B		D0	
001C	CHAMADA D000	CD	Chamar a sub-rotina de atraso.
001D		00	
001E		D0	
001F	MVI 86	3E	Carregar 86H no acumulador.
0020		86	

ENDEREÇO	*MNEMÓNICA*	*CÓDIGO DE OPERAÇÃO / OPERANDO*	*OBSERVAÇÕES*
0021	SAÍDA 09	D3	Enviar o conteúdo do acumulador para o porto B para remarcar o número de telefone pretendido.
0022		09	

0023	CHAMADA D000	CD	Chamar a sub-rotina de atraso.
0024		00	
0025		D0	
0026	MVI A 84	3E	Carrega 84H no acumulador.
0027		84	
0028	SAÍDA 09	D3	Envia o conteúdo do acumulador para o porto B.
0029		09	
002A	LXI B 0058	01	Carregar o par de registos BC por 0058H.
002B		58	
002C		00	
002D	DCX B	0B	Diminui o par de registos BC em 1.
002E	CHAMADA D000	CD	Chamar a sub-rotina de atraso.
002F		00	
0030		D0	

0031	MOV A C	79	Mover o conteúdo do registo C para o acumulador.
0032	ORA B	BO	A lógica OR do conteúdo do registo B com o conteúdo do acumulador.
0033	JNZ 0O2D	C2	Se o conteúdo do acumulador não for 0, o par de registos BC é novamente decrementado de 1.
0034		2D	
0035		00	
0036	IN 0A	BD	Recebe entrada da porta C (inferior) para verificar o estado da chamada.
0037		0A	
0038	IPC 01	FE	Compara a entrada com 01H.
0039		01	
003A	JNZ 000E	C2	se não for igual, isso significa que a chamada não foi atendida e que a remarcação foi efectuada novamente.
003B		0E	
003C		00	
003D	MVI A 88	3E	Carregar 88H no acumulador.

003E		88	
003F	SAÍDA 09	D3	Enviar o conteúdo do acumulador para o porto B para ligar o gravador de cassetes e a sirene.
0040		09	

ENDEREÇO	*MNEMÓNICA*	*CÓDIGO DE OPERAÇÃO / OPERANDO*	*OBSERVAÇÕES*
0041	IN 0A	BD	Recebe a entrada do porto A.
0042		0A	
0043	IPC 04	FE	Comparar a entrada com 04H.
0044	JNZ 003D	C2	Se não for igual a 04H, salta para C036H.
0045		3D	
0046		00	
0047	JMP 0007	C3	Saltar para a posição de memória C007H.
0048		07	
0049		00	
0050	HLT	76	Parar a execução.

4.3 Fluxograma da sub-rotina de atraso:

O diagrama de fluxo da sub rotina de atraso é apresentado na Fig.4.2:

Fig.4.2 O fluxograma da sub rotina de atraso

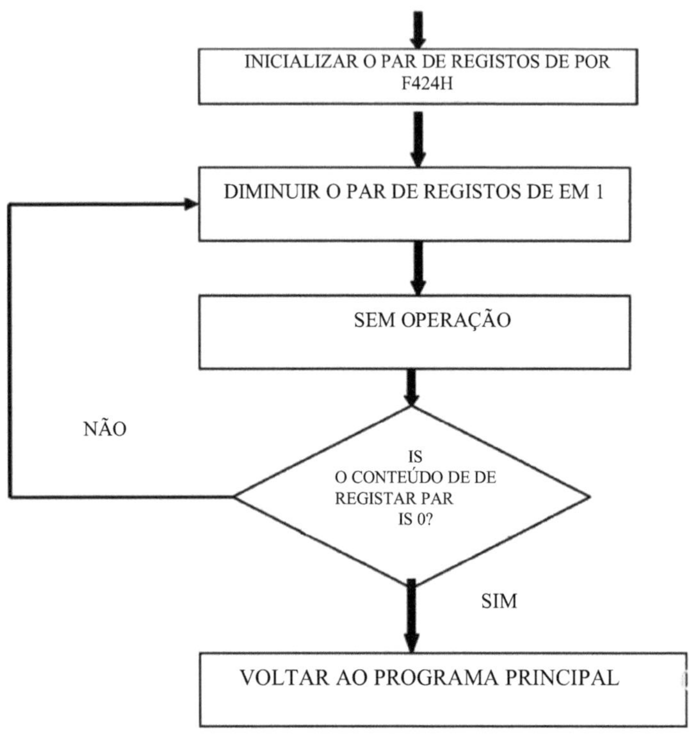

4.4 Código de máquina para a sub-rotina de atraso:

O código de máquina do sistema de segurança doméstica é apresentado no quadro 4.2:

Tabela.4.2 O código de máquina para a sub rotina de atraso

ENDEREÇO	*MNEMÓNICA*	*CÓDIGO DE OPERAÇÃO / OPERANDO*	*ESTADOS T*
D000	LXI D F424	11	10
D001		24	
D002		F4	
D003	DCX D	1B	6
D004	MOV A E	7B	4
D005	NOP	00	4
D006	NOP	00	4
D007	NOP	00	4
D008	NOP	00	4
D009	NOP	00	4
D00A	NOP	00	4
D00B	ORA D	B2	4

D00C	JNZ D003	C2	10/7
D00D		03	
D00E		D0	
D00F	RET	C9	10

Frequência do microprocessador 8085 - 3 MHz

Período de tempo - 1/3 Microssegundos

Precisamos de 1 segundo de atraso.

Cálculo:

$(1/3)*[10 + X(6 + 4 + 6*4 + 4 + 10) + 7 + 10] = 1*10^6$

$(1/3)*(27 + 48X) = 1*10^6$

$X = (1*10^6 *3)/48$ [Desprezando 27]

$X = 62500$

X = F424 H

4.5 Implementação futura

O tempo em abundância poderia ter transformado este simples projeto num sistema de segurança totalmente comercial para os cidadãos indianos, mas a um custo muito inferior ao de qualquer sistema de segurança moderno.

1. Um sistema laser de estilo matriz completo pode ser utilizado para monitorizar várias portas
2. Um scanner de som (microfone e amplificador) poderia ter sido implementado como procedimento de segurança adicional.
3. Os ICs comparadores LM324 podem ser utilizados para detetar luz/sombra variável na tensão que incide sobre objectos de valor, como num museu cheio de objectos de valor.

4.6 Conclusão

A conceção e implementação de um sistema de segurança baseado em microprocessador foi conseguida neste projeto. Para conceber eficazmente este tipo de sistema, é necessário compreender as caraterísticas básicas dos sensores, os multivibradores, a interface de entrada e saída do microprocessador e os princípios da linguagem de montagem, utilizados no plano do sistema. Existe uma concordância total entre o sistema projetado e o funcionamento necessário do sistema.

Todos os bons projectos têm limitações; a limitação deste projeto reside na eficácia do sensor. O sensor funcionará mais eficazmente se funcionar com luz de alta intensidade. O sistema de segurança doméstico aqui concebido é obviamente de baixo custo, podendo ser utilizado não só em casa, mas também em organizações, parques de estacionamento públicos, parques de estacionamento residenciais e terminais de automóveis onde seja necessária uma medida de segurança.

O circuito funcionava sempre bem, mas havia sempre outra secção onde era necessária atenção imediata. O programa 8085 funciona bem com uma única entrada para os circuitos de alarme, mas quase sempre falhou para a técnica de reconhecimento de polaridade alternada. No entanto, todos os aspectos dos circuitos foram tratados e o projeto funciona satisfatoriamente em condições normais/ótimas. O principal objetivo do projeto era investigar os diferentes aspectos da eletrónica digital e da programação 8085 com interface 8255A para criar um utilitário como o Sistema de Segurança Doméstica destinado aos consumidores indianos. As técnicas utilizadas são de baixo custo e podem ser facilmente fabricadas. Era isto que pretendíamos realizar.

Apêndice

Apêndice A: DM74LS74A

Valores nominais máximos absolutos (Nota 2)

Tensão de alimentação7V

Tensão de entrada7V

Gama de temperaturas do ar livre de funcionamento0°C a +70°C

Gama de temperaturas de armazenamento - 65 'C a +150°C

Nota 2: Os "valores máximos absolutos" são os valores para além dos quais a segurança do dispositivo não pode ser garantida. O aparelho não deve ser utilizado dentro destes limites. Os valores paramétricos definidos nas tabelas de Caraterísticas Eléctricas não são garantidos nas classificações máximas absolutas. A tabela "Condições de funcionamento recomendadas" definirá as condições para o funcionamento efetivo do dispositivo.

Condições de funcionamento recomendadas

Símbolo	**Parâmetro**		**Milhões de euros**	**Nome**	**Máximos**	**Unidade**
VCC	Tensão de alimentação		4.75	5	5.25	V
V,H	Nível ALTO Tensão de entrada		2			V
V_r	Tensão de entrada de nível BAIXO				08	V
'OH	Nível ALTO Corrente de saída				-0.4	mA
'oL	Corrente de saída de nível BAIXO				8	mA
CLK	Frequência de relógio (Nota 3)		0		25	MHz
'cLK	Frequência de relógio (Nota 4)		0		20	MHz
duas	Largura do impulso (Nota 3}	Relógio ALTO	IB			ms
		Predefinição LOW	15			
		Limpar BAIXO	15			

duas	Largura do impulso (Nota 4)	Relógio ALTO	25			ns
		Predefinição LOW	20			
		Limpar BAIXO	20			
Tsu	Tempo de configuração (Nota 3)(Nota 5)		20T			ns
Tsu	Tempo de configuração (Nota 4) (Nota 5)		25T			ns
'n	Tempo de retenção (Nota 5)(Nota 6)		0Î			ns
TA	Temperatura de funcionamento do ar livre		0		70	"C

Nota 3: CL = 15 pF. RL = 2 k£i, T_A = 25*C, e = 5V.
Nota 4: GL = 50 pF: RL = 2 kil, T_A = 25°C, e VQC = 5V.
Nota 5: O símbolo (T) indica que a borda ascendente do pulso de clock é usada como referência.
Nota 6: T_A = 25°C e Vcc = 5V.

Caraterísticas eléctricas

acima da gama recomendada de temperatura do ar livre de funcionamento (salvo indicação em contrário)

Símbolo	Parâmetro	**Condições**		**Milhões de euros**	**Tip (Furo 7)**	**Máximo**	**Unidades**
V,	Tensão de fixação de entrada	Vc c=Mín, I, = -18 mA				**-1.5**	V
VOH	Nível ALTO Tensão de saída	^cc= 'on= Max VIL = Max, V|H = Min		2.7	**3.4**		V
Vtx	Nível BAIXO Tensão de saída	VQQ - Mln, IQL= Max VIL = Max, V|H = Mln			0.35	0.5	V
		IQ(_ = 4 mA. VQQ = Mln			D.25	0.4	
III	Corrente de entrada @ Max Tensão de entrada	Vcc = Máximo V|=7V	Dados			0.1	**mA**

			Relógio			D.1	
			Presel			0.2	
			Limpo			0.2	
l|H	Nível ALTO Corrente de entrada	Vgg = Máximo V|=2,7V	Dados			20	gA
			Relógio			20	
			Limpo			40	
			Presel			40	
I IL	Nível BAIXO Corrente de entrada	Vgg = Máximo V|=0,4V	Dados			-0.4	mA
			Relógio			**-0.4**	
			Presel			-0.3	
			Limpo			-0.8	
'□s	Corrente de saída de curto-circuito	V_{cc} = Máximo (Nota B)		-2D		-100	mA
'cc	Corrente de alimentação	V_{cc} = Máximo (Nota 9)			4	8	mA

Nota 7: Todos os valores típicos são a V^ = 5V, T_A = 25'C.

Nota 8: Não deve ser curto-circuitada mais de uma saída de cada vez e a duração não deve exceder um segundo. Para dispositivos, com feedback das saídas, em que o curto-circuito das saídas à terra pode fazer com que as saídas mudem de estado lógico, pode ser efectuado um ensaio equivalente em que V_Q = 2,125V com os limites mínimo e máximo reduzidos a metade dos seus valores declarados. Isto é muito útil quando se utiliza equipamento de teste automático.
Nota 9: Com todas as saídas ABERTAS, é medido com o GLOCK ligado à terra depois de colocar as saídas Q e Q HIGH sucessivamente.

Caraterísticas de comutação

a V_{cc} = EV e T_A = 25*C

Símbolo	Parâmetro	De (entrada) Para (Saída)	R_L = 2 quilómetros				Unidades
			C_L = 15pF		Ct = 50 pF		
			Milhões de euros	**Máximo**	**Milhões de euros**	**Máximo**	
fiscal	Frequência máxima do relógio		25		20		MHz
LLU	Tempo de atraso de propagação da saída de nível BAIXO para ALTO	Relógio Io 0 ou C|		**25**		**35**	ns
IpHL	Tempo de atraso de propagação Saída de nível ALTO para BAIXO	Relógio Io 0 ou Cl		30		**35**	ns
estanho	Tempo de atraso de propagação Saída de nível BAIXO para ALTO	Predefinição Io Q		**25**		**35**	ns
IpHL	Tempo de atraso de propagação Saída de nível ALTO para BAIXO	Pré-seleção lo Q		30		**35**	ns
estanho	Tempo de atraso de propagação Saída de nível BAIXO para ALTO	Limpar para Q		**25**		**35**	ns
IPHL	Tempo de atraso de propagação Saída de nível ALTO para BAIXO	Limpar para Q		30		**35**	ns

Apêndice B: TSOP1738

Valores nominais máximos absolutos

Tamb⁼ 25" C

Parâmetro	Condições de ensaio	Símbolo	Valor	Unidade
Tensão de alimentação	(Pino 2)	^{V}S	-0.3...6.0	V
Corrente de alimentação	(Pino 2)	É	5	mA
Tensão de saída	(Pino 3)	Vo	-0.3...6.0	V
Corrente de saída	(Pino 3)	Io	5	mA
Temperatura da junção		Ti	100	°C
Gama de temperaturas de armazenamento			-25..+85	°C
Gama de temperaturas de funcionamento		Tarnb	-2 5...+85	°C
Consumo de energia	(T-mh S 55 X)	Ptot	50	mW
Temperatura de soldadura	t f 10 s, a 1 mm da caixa	^{T}anúncio	260	*c

Caraterísticas básicas

Tamb⁼ 25' C

Parâmetro	Condições de ensaio	Símbolo	Mínimo	Tipo	Máximo	Unidade
Corrente de alimentação (Pino 2)	V_s = 5 V, E_v = 0	>SD	0.4	06	1.5	mA
	Vs = 5 V, E_v = 40 klx, luz solar	ISH		1.0		mA
Tensão de alimentação (Pino 2)		Vs	4.5		5.5	V
Distância de transmissão	E_v = 0, sinal de teste ver fig.7, díodo IR TSAL6200, I_F = 400 mA	d		35		m
Tensão de saída baixa (Pino 3)	IQSL = 0,5 mA,£e = 0,7 mWW, f = f", ^/7 = 0,4	VOSL			250	mV
Irradiância (30 - 40 kHz)	Tolerância da largura de impulso: tpi⁻ 5/ff, * tp_0 < tp| + 6/f_0 , sinal de teste (ver fig.7)	Ec milhões		0.35	0.5	mW/m^2

Irradiância (56 kHz)	Tolerância da largura de pulso: tpi— 5/fjj < tpQ < tp| + 6/fQ , sinal de teste (ver fig.7)	milhões		0.4	0.6	rnW/m²
Irradiância	tO j - 5/fO < tflQ < tD | °+ 6l'f0	Ea máx	30			WW
Directividade	Ângulo de meia distância de transmissão	01/2		±45		deg

Referência

Arquitetura de microprocessadores, programação e aplicações com o 8085 por Ramesh S. Gaonkar

Eletrónica para si - EFY Publications, Delhi

Op-amps e circuitos integrados lineares por Ramakant A. Gayakwad

Eletrónica Integrada por Jacob Millman, Christos Halkias, Chetan Parikh

Design Digital (3ª Edição) (Inglês) por M. Morris Mano

Estudo do gás de electrões quentes bidimensionais em estruturas de poços quânticos por Madhumita Sarkar - LAP Lambert Academic Publishing, 2013

Lista de publicações do autor

Revistas internacionais:

1. Shovon Nandi, Madhumita Sarkar, "Investigação teórica das caraterísticas I-V e de mobilidade do poço quântico 2D GaAs, Journal of Electron Devices, Vol.12, 2012, pp.700-703, ©JED [ISSN: 1682-3427].
2. Madhumita Sarkar, Shovon Nandi e Aniruddha Ghosal, "I-V and Conductance Characteristics of Nano-Scale 1D GaAs FETs", Journal of Electron Devices, Vol.13, pp.957-959, 2012 ©JED [ISSN:1682-3427].
3. M Sarkar, S Nandi, "Analytical Modeling of Triple Gate MOSFET", International Journal of Semiconductor Science & Technology (IJSST), Vol.3, Issue 4, Pages 1-10, 2013 [ISSN:2250-1576].
4. S Nandi, M Sarkar, A Ghosal, "Study of Mobility-Temperature characteristics of 1D GaAs nanoscale FETs", Organizado conjuntamente pelo Departamento de E.C.E, B.P.P.I.M.T & SPIE Student Chapter, B.P.P.I.M.T, Kolkata, Índia, Volume 2013, Edição 2, Páginas 104-108.

Detalhes do autor

- Shovon Nandi obteve o grau de B.Tech em Engenharia Eletrónica e de Comunicações na WBUT e o grau de M.Tech em Opto-Eletrónica na Universidade de Calcutá, Índia. Atualmente, trabalha como Professor Assistente no departamento de ECE do Bengal Institute of Technology do Techno India Group, em Calcutá, Índia. Está ligado a este instituto desde 2008. Trabalhou também como engenheiro de sistemas numa empresa de comunicação social líder no departamento de TI e radiodifusão. É autor de muitos trabalhos de investigação publicados em conferências e revistas internacionais. É membro do comité de revisão do ICCCCM patrocinado pelo IEEE. As suas áreas de interesse incluem a lógica digital baseada em sistemas modernos baseados em TIC, dispositivos semicondutores de baixa dimensão, redes de sensores sem fios energeticamente eficientes e rádios cognitivos. É membro vitalício da ISTE.
- Madhumita Sarkar obteve o grau de B.Tech em Engenharia Eletrónica e de Comunicações na WBUT e o grau de M.Tech em Radiofísica e Eletrónica na Universidade de Calcutá, Índia. Trabalha atualmente como professora assistente no departamento de ECE da BPPIMT, Calcutá, Índia. Trabalhou também como engenheira de sistemas na Tech Mahindra. É autora de muitos artigos de investigação publicados em conferências e revistas internacionais. É membro do comité de revisão do ICCCCM patrocinado pelo IEEE. As suas áreas de interesse incluem técnicas de programação baseadas em microprocessadores e microcontroladores, codificação de controlo de erros em OFC, transporte de electrões em sistemas semicondutores de baixa dimensão e nanoestruturas. É membro da SPIE e membro vitalício da ISTE.

Printed by Books on Demand GmbH, Norderstedt / Germany